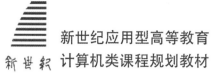

新世纪应用型高等教育
计算机类课程规划教材

JAVA CHENGXU SHEJI

Java程序设计

微课版

主　编　李月辉　李　慧
副主编　王　晖　闫启龙

U0244115

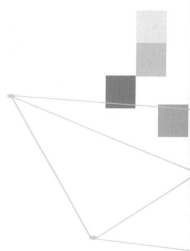

大连理工大学出版社

图书在版编目(CIP)数据

Java 程序设计 / 李月辉，李慧主编. -- 大连：大
连理工大学出版社，2022.7(2024.7重印)
　新世纪应用型高等教育计算机类课程规划教材
　ISBN 978-7-5685-3611-0

　Ⅰ．①J… Ⅱ．①李… ②李… Ⅲ．①JAVA 语言－程序
设计－高等学校－教材　Ⅳ．①TP312.8

中国版本图书馆 CIP 数据核字(2022)第 023441 号

大连理工大学出版社出版

地址：大连市软件园路 80 号　邮政编码：116023
发行：0411-84708842　邮购：0411-84708943　传真：0411-84701466
E-mail：dutp@dutp.cn　URL：https://www.dutp.cn

大连图腾彩色印刷有限公司印刷　　　　大连理工大学出版社发行

幅面尺寸：185mm×260mm　　印张：12.75　　字数：295 千字
2022 年 7 月第 1 版　　　　　　2024 年 7 月第 4 次印刷

责任编辑：孙兴乐　　　　　　　　　责任校对：贾如南
封面设计：对岸书影

ISBN 978-7-5685-3611-0　　　　　　定　价：40.80 元

本书如有印装质量问题，请与我社发行部联系更换。

前言

  Java 语言诞生于 20 世纪 90 年代初期，是一种完全面向对象的程序设计语言，尤其适合用来编写跨平台应用软件，是国内外广泛使用的计算机程序设计语言之一，它具有语言功能丰富、使用灵活方便、性能优异、可移植性强、安全性高等特点，应用领域极其宽广。

  本教材为适应当前教学改革和应用型课程建设的要求组织编写而成。本教材注重培养学生的实践与创新能力，融合了同类其他教材的特点，取长补短、融合创新，突出"从问题到算法，再到程序"的思维过程，强调计算机求解问题的思路引导和程序设计思维方式的训练，能够使学习者系统学习、快速入门。本教材具有以下几个特点：

  （1）内容新颖，是根据当前社会发展的需要而确定的，符合计算机科学技术的发展和教学改革的要求。

  （2）以实际应用为出发点，强调实用性。

  （3）在写法上，既注重概念的严谨和清晰，又注重采用读者容易理解的方法阐明看似深奥难懂的道理，做到例题丰富、通俗易懂、便于自学。

  （4）强调 Java 语言的实践性，提供大量实用性很强的编程实例，语言生动、完整、连贯性强。

  本教材由 Java 基本概述，Java 语法概述，常量、变量与数组，程序流程控制，Java 面向对象编程，集合类，Java 流式 I/O 技术，多线程，Java 数据库共九章内容组成。全书以 Java 语言为研究对象，将 Java 语言的基本知识与重点知识进行了介绍，并通过相应的案例对知识点进行深入解析，对从事计算机、Java 等方面的研究者和从业者具有学习和参考的价值。

  为响应教育部全面推进高等学校课程思政建设工作的要求，本教材挖掘了 Java 程序设计课程的思政元素，逐步培养学生正确

新世纪

的思政意识,树立肩负建设国家的重任,从而实现全员、全过程、全方位育人。学生树立爱国主义情感,能够积极学习Java语言,立志成为社会主义事业建设者和接班人。

本教材随文提供视频微课供学生即时扫描二维码进行观看,实现了教材的数字化、信息化、立体化,增强了学生学习的自主性与自由性,将课堂教学与课下学习紧密结合,力图为广大读者提供更为全面并且多样化的教材配套服务。

本教材由哈尔滨信息工程学院李月辉、李慧任主编;哈尔滨信息工程学院王晖、闫启龙任副主编。具体编写分工如下:第5、第6章由李月辉编写;第7、第8、第9章由李慧编写;第2、第4章由王晖编写;第1、第3章由闫启龙编写。全书由李月辉统稿并定稿。

在编写本教材的过程中,编者参考、引用和改编了国内外出版物中的相关资料以及网络资源,在此表示深深的谢意! 相关著作权人看到本教材后,请与出版社联系,出版社将按照相关法律的规定支付稿酬。

鉴于我们的经验和水平,书中难免有不足之处,恳请读者批评指正,以便我们进一步修改完善。

编　者

2022 年 7 月

所有意见和建议请发往:dutpbk@163.com

欢迎访问高教数字化服务平台:https://www.dutp.cn/hep/

联系电话:0411-84708445　84708462

目 录

基础资料微课列表

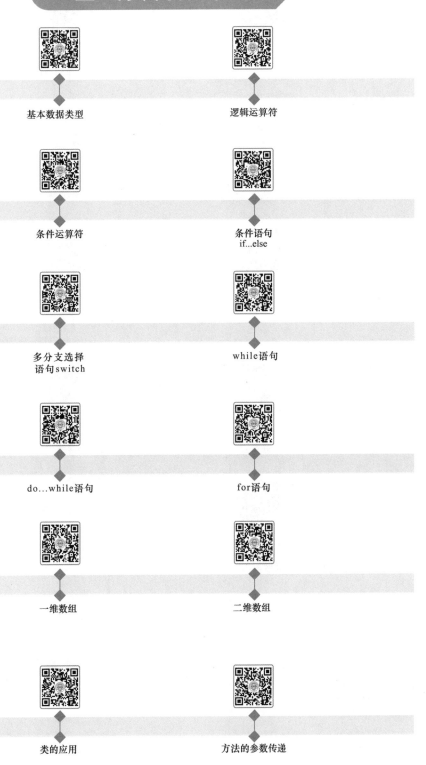

基本数据类型

逻辑运算符

条件运算符

条件语句
if...else

多分支选择
语句switch

while语句

do...while语句

for语句

一维数组

二维数组

类的应用

方法的参数传递

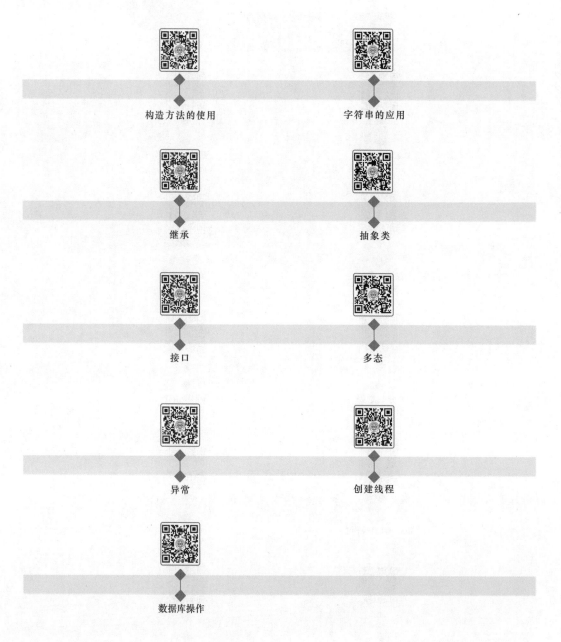

构造方法的使用　　　　　　　　字符串的应用

继承　　　　　　　　　　　　　抽象类

接口　　　　　　　　　　　　　多态

异常　　　　　　　　　　　　　创建线程

数据库操作

第 1 章
Java 基本概述

本章思政目标

1.1 Java 语言简介

1.1.1 Java 语言发展

Java 技术是由 Sun Microsystems 公司于 1995 年 5 月推出的 Java 面向对象程序设计语言和 Java 平台的总称。由 JamesGosling 和同事们共同研发,并在 1995 年正式推出,其推出初衷是应用与开发智能家电,智能家电的发展并不如意,但是互联网的蓬勃发展,却让 Java 在制作动态网页方面具有巨大优势,因此 Java 得以迅速发展壮大。

当今的 Java 是一门非常流行和优秀的面向对象编程语言,可以用来开发可靠的、要求严谨的应用程序,特别是 Web 应用程序。

1.1.2 程序设计概述

基于计算机的处理机制,根据问题描述,使用程序语言对问题进行解题方法分析,最终给出解决问题的具体化步骤的文档,这一处理过程就是程序设计。

程序设计是软件构造活动中的重要组成部分,每一个软件的实现都是通过对一个又一个具体问题进行程序设计而从无到有构造出来的。

在程序设计中,只有基于某种程序设计语言,以及支持这种程序设计语言的开发工具或平台,才能编写出以程序文件为载体的程序内容。最终,将程序交由计算机来识别和运行。程序设计过程分为分析、设计、编码、测试、排错等不同阶段。在专业和岗位上,程序设计人员常被称为程序员。

1.1.3 程序设计语言

程序设计语言是用于书写计算机程序的语言,它是一种含有语义、能被程序员书写与阅读、还能被计算机通过特殊软件编译(或翻译)后进行执行的语言。程序设计语言的基础是一组记号和一组规则,如果用英语中的单词来代表程序设计语言中的某个特殊指令或功能,那么英语中的语法就代表了规定众多单词组合成句的语义规则。

程序设计语言与计算机在同一时代诞生,自20世纪60年代以来,有超过1 000种计算机程序语言被发明和公布,但只有很少一部分得到了广泛应用。随着计算机数据处理能力、数据存储能力,以及计算机所需处理问题规模的发展,工程师们对程序设计语言也在不断升级和创新。从发展历程来看,程序设计语言可以分为机器语言、汇编语言、高级语言。

1.第一代——机器语言

对于计算机而言,最明确的指令就是"是"和"否",代表这两种指令的状态也很多。例如,用电流表示——高电压表示"1",低电压表示"0";用电波表示——有波表示"1",无波表示"0";用磁介质存储——有磁表示"1",无磁表示"0";用光盘或纸条表示——有洞表示"1",无洞表示"0";等等。

因此,最早的程序设计语言就是由二进制代码指令构成的机器语言。例如,"17+3"可以表示为"10001 10 11",其中的"10001"表示"17""10"表示加法、"11"表示"3"。由于不同的CPU具有不同的二进制指令系统,且不同CPU上的机器语言指令不通用,因此机器语言具有难编写、难理解、难修改、难维护、难共享的缺点,编程效率极低。机器语言目前在程序设计中已经被淘汰了,但在计算机的底层程序处理中依然无可替代。

2.第二代——汇编语言

汇编语言指令是将机器指令进行符号化,也就是将二进制指令用类英语符号来替代。例如,用指令符号ADD表示加法,用指令符号MOV表示将一个数据存储到某个地址空间。

在汇编语言中,数字使用十进制或十六进制,从而大大简化了数据的表示。例如,在进行加法运算"17+3"时,先将"17"放进寄存器AX,再将"3"放进寄存器BX,然后将两个寄存器中的值进行相加的汇编。具体指令为:

①MOV AX 17②MOV BX 3③ADD AX BX;或①MOV AX 11H②MOV BX 3H③ADD AX BX(用十六进制数)。

虽然汇编语言将难以理解的二进制指令用类英文符号来代替,但是其编程思想仍然遵循以机器为主的设计思想,所以汇编语言有难学难用、容易出错、维护困难等缺点。但是,由于汇编语言可以直接访问系统接口,所以用汇编语言设计的程序在被转换为机器语言后,运行效率高。从软件工程的角度来看,只有在高级语言不能满足设计要求,或不具备支持某种特定功能的技术性能(如特殊的输入/输出)时,才会使用汇编语言。

3.第三代——高级语言

高级语言是面向用户的、基本独立于计算机种类和结构的语言。也就是说,高级语言与用户使用哪台计算机,以及该计算机使用哪种CPU没有关系。高级语言的最大优点是在形式上接近算术语言和自然语言,在概念上接近人们通常的逻辑思维方式。高级语言的一条命令可以代替汇编语言的几条、几十条甚至几百条指令。因此,高级语言易学、易用、易理解,通用性强,应用广泛,适合解决更为复杂的工程性问题。高级语言种类繁多,有早期的Basic、Pascal、Fortran、C、C++等语言,也有现在的VB、Delphi、C♯、Java等语言,还有Ruby、Python等脚本语言。本书作为现代高级程序语言教材,将高级语言按照客观系统分为面向过程语言和面向对象语言。(注:脚本语言不在本书的涉及范围内)。

（1）面向过程语言

面向过程语言是以解决具体问题为目标的高级语言,它围绕数据(变量)和加工数据的过程(方法)进行程序设计,是以"数据结构＋算法"程序设计范式构成的程序设计语言。Basic、Pascal、C 语言都是面向过程语言。

（2）面向对象语言

面向对象语言是以"对象＋消息"程序设计范式构成的程序设计语言。它不关心问题的具体求解过程,而是关心任务和任务完成者的分派和协作关系,力图将一个工程性问题按照任务种类的不同而交给不同的对象去完成。在当今的大规模工程化领域的应用软件程序设计要求中,面向对象语言已成为软件设计的主流。目前比较流行的面向对象语言有 Delphi、VB、Java、C＋＋等。

1.1.4　程序的编译、解释和执行

程序是指程序语言编写的指令集,我们通常称之为源程序。源程序拥有类英语的符号和结构,它面向用户源。源程序无法被计算机理解和执行,因为计算机只能识别和执行机器语言(二进制代码)。因此,用高级语言编写的源程序在交给计算机进行执行前必须历经一个中间环节,即将用高级语言编写的源程序转换成计算机能执行的机器语言。源程序的转换有两种方式,即编译和解释。

1.编译

编译方式是将整个源程序先转换成等价、完整、独立的目标程序,然后通过连接程序将目标程序连接成可执行程序。该可执行程序就是计算机能识别的机器语言,因此执行效率非常高。但由于机器语言依赖计算机系统,因此不同计算机系统生成的可执行程序是不能在对方的计算机上执行的。目前主流程序语言中的 C、C＋＋、VB、Delphi、C♯语言,以及现在已经基本不使用了的 Basic、Pascal 等语言均采用编译方式。

2.解释

解释方式是将源程序逐句翻译,一边翻译一边执行,不产生目标程序,也不产生可执行程序。在整个执行过程中,解释程序都一直在内存中。

1.2　Java 语言的发展及其特点

1.2.1　Java 语言的发展

Java 的初次出现是革命性的,它的最初版本是 Java 1.0,但是很快它的很多问题就开始出现,例如,对用户界面支持不足,不能应对发展的需要等。

Sun 公司很快对此做出了响应,Java 的第二个发行版本是 Java 2(实际上是 Java 1.2,不过 Sun 公司把它称为 Java 2,强调 Java 的发展进入了一个新时代)。Sun 公司将 Java 重组为 Java SE(Java 2 平台标准版),它的第一个发行版本就是 Java 1.2,此外还推出了另外两个

版本:微型版和企业版。通常意义下的 Java 都是指 Java 标准版,即 Java SE。

经过进一步的发展,现在 Java 已经发展到 Java SE 1.6。这其中增加了许多新的特性,如泛型、元数据、自动装箱拆箱机制、枚举类型、边长参数、格式化输出,甚至还有一个简单的数据库。

 1.2.2　Java 的特性

万维网使得 Java 成了最流行的编程语言之一,另一方面 Java 也促进了万维网的发展,这与 Java 本身的一些特点是离不开的。本节的主要内容就是对 Java 的面向对象、可移植性、健壮性、分布式和多线程等特点进行简单介绍。

(1)面向对象

Java 是一种完全面向对象的语言,对软件工程技术有很强的支持,Java 继承了 C 语言和 C++的大部分特性,但是又与它们毫不相干。Java 是一门独立的语言,与 C 和 C++语言是不兼容的。可以这样认为,Java 是去掉了 C++复杂性和奇异性而增强了其安全性和可移植性后的产物。

(2)可移植性

可移植性是 Java 解决的最大问题,程序员不用再考虑编写的程序会运行在哪个平台。Java 在程序与具体机器之间提供了一层 Java 虚拟机(JVM)来解决程序的可移植性问题,通过它,程序员可以把更多的精力放在程序的具体实现上,不用再在平台的差异性上浪费过多的精力。

(3)健壮性

Java 提供了早期的静态、动态检查,排除了出现错误的条件,去掉了指针,增加了内存保护的功能。另外,Java 是一门强类型的语言。这些都增强了 Java 的健壮性。

(4)分布式

Java 提供了类库来支持网络编程,可以使用类库轻松地处理 TCP/IP 等协议。另外,远程方法调用(Remote Method Invocation,RMI)提供了分布式对象之间通信的机制。

(5)多线程

线程是操作系统上的一个概念,可以将它理解为轻量进程。多线程可以充分利用多个处理器,带来更好的交互性和实时性。另外,它使得 Java 适用于服务器端开发。

(6)安全性

全面支持 Web 环境中安全编程,提供安全机制以防恶意代码的攻击。

(7)可移植性

使用 Java 语言编写的程序,可以只做少量修改甚至不用修改就可以在不同的平台上运行,真正体现"一次编写、到处运行"的程序设计理念。

(8)解释性

Java 程序在 Java 平台上被编译为字节码格式,然后可以在实现这个 Java 平台的任何系统中运行。在运行时,Java 平台中的 Java 解释器对这些字节码进行解释执行,执行过程中需要的类在连接阶段被载入运行环境中。

（9）多线程

在 Java 语言中，可以内建多个线程同时运作，即同一段程序可以同时生成不同的线程各自独立运行。

（10）动态性

Java 语言设计的程序可以适应于动态变化的环境。程序中需要的类能够动态地被载入运行环境，也可以通过网络来载入所需要的类。

1.3 简单的 Java 程序

编写 Java 程序时，既可以先使用记事本进行编辑，然后使用命令行进行编译、运行，也可以直接在 IDE 上进行程序的编写、编译和运行。

1.3.1 一个简单的 Java 程序

首先，创建一个名为 javacode 的目录，并在该目录下创建一个名为 Char01 的子目录。然后，打开记事本或者写字板，并在编辑环境下书写例 1-1 的代码，将文件保存在如下路径 d:\javacode\Char01\HelloWorld.java。

> 例 1-1　在控制台输出。"Hello World" 字符串。

代码如下：

```
//第一个 Java 程序
public class HelloWorld{ //定义 HelloWorld 类

    /*
    每个程序都拥有一个 main()方法，它是程序执行的起点
    这个程序将向命令行输出一段文本"Hello World"
    */
    public static void main(String[] args){
        System.out.println("Hello World");
    }
}
```

1.3.2 Java 程序的结构

1.Java 程序的类、方法、代码的三层结构

一个简单 Java 程序是由类、方法和具体执行指令的代码共三个层次构成的。为什么要使用这样的方式呢？初学者可以用简单而直接的方式来理解，那就是代码（人完成的某个具体动作）属于方法（人的某个行为），方法属于类（行为的执行者，也就是人），其结构原理示意如图 1-1 所示。

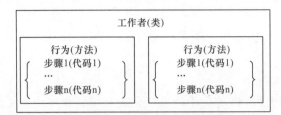

图 1-1　Java 程序的结构原理示意

▷ 例1-2　在控制台输出中文"你好,世界!"字符串。

代码如下:

```
public class HelloWorld    { //类定义,可以视为动作的实施者,即工作者
    public static void main( String[] args) {        //方法,可以理解为某一行为
    System.out.println("你好,世界!");              //指令,是行为的某一具体动作内容
    }
}
```

2.类关键字 class 和{ }

每个 Java 程序都必须有一个类,类用关键字 class 来声明,class 的后面是类名,类名必须是一个符合 Java 标识符规则的连续字符序列。

类名的后面需要使用"{ }"来定义类的边界。在"{ }"中,还包含类的方法。

语法:

```
class 类名{
    ......
}
```

3.方法和 main( )方法

Java 程序的类可以定义多个方法,但是只能定义一个 main()方法,所有的指令只有放在 main()方法中才能被计算机执行。可以这样说,对于程序语言基础的初学者而言,main()方法是每个源程序文件中必需的、关键的构成部分。

main()方法必须遵守规则在类结构中定义,同时被申明为 public 类型和 static 类型。

语法:

```
public static void main( String args[]) {
...具体指令代码...
}
```

4.Java 源程序文件的命名

Java 源程序文件的扩展名必须以.java 结尾,文件名则必须与包含有 main()方法的类的类名相同。此外,Java 程序是区分大小写字母的。因此,"Hello World"和"hello world"会被认为是两个完全不同的名称。例如,在例1-1 的 Java 程序中,包含 main()方法的类名为 HelloWorld,则源程序文件的名称应该为 HelloWorld.java,而 helloworld.java、Hello World.txt 等名称均不正确。

1.3.3 Java 程序的命令行方式的编译和运行

　　Java 源程序文件中的 Java 程序是使用类英语程序语言编写的文件,程序员能很好地理解它,但计算机却不能理解,因此需要一个将它解释成计算机能理解的二进制语言文件。

　　Java 属于解释型语言,因此计算机要运行它,首先需要把源程序文件进行编译,生成扩展名为.class 的字节码文件。但该文件依旧不能被计算机直接运行,其代码将被一行一行地交给 Java 虚拟机解释为计算机所能理解的二进制代码,再由计算机来执行,才能获得结果。Java 源程序文件的编译和运行机制示意如图 1-2 所示。

图 1-2　Java 源程序文件的编译和运行机制示意

　　因此,Java 源程序文件的执行被分解为两个步骤,需要两个 Java 命令。这两个命令由存放在 JDK 的 bin 目录下的两个命令执行文件(javac.exe 和 java.exe)提供,具体如下:

　　1.将源程序文件编译为字节码文件

　　在命令行方式下,使用 cd 命令进入源程序文件目录,输入以下命令:

　　javac 完整的源程序文件名

　　例如,

　　Javac　HelloWorld.java

　　如果源程序文件的名称正确(含大小写),且源程序没有语法错误,则在执行 javac 命令后光标就跳转到下一行,且没有任何错误提示。此时,源程序文件目录下会增加一个名为HelloWorld.class 的文件名。

　　2.将.class 字节码文件翻译执行

　　在命令行方式下,输入以下命令:

　　java 字节码文件名

　　例如,

　　java HelloWorld

　　此时,命令行将显示:

　　你好,世界!

1.3.4 Java 程序的注释

在 Java 程序中,常有一些文本(或代码)的前面有"//"标注,或者前面用"/*"、后面用"*/"标注,这些包含"//"或"/*/"的文本(或代码)叫作注释。注释是一种不被编译和执行的程序编码,它主要用来对程序结构或指令进行备注、说明,即不用于计算机理解和执行。保持良好的程序注释习惯,是成为一名优秀程序员必备的能力。此外,企业在开发应用软件时,一定会要求软件源程序中包含必要的注释。Java 注释分为三种:单行注释、多行注释和文档注释。

1.单行注释

语法:

```
//comments
```

从"//"开始,至该行结束的内容是注释部分,编译器予以忽略。例如,

```
//这是我的第一个 Java 程序
```

2.多行注释

语法:

```
/* command */
```

在"/*"和"*/"之间的所有内容均为注释部分,位于"/*"和"*/"之间的内容可以是一行,也可以是多行。例如,

```
/*

每个程序都拥有一个 main( )方法,它是程序执行的起点
这个程序将向命令行输出一段文本

*/
```

3.文档注释

语法:

```
/* * *注释行 1
*注释行 2
*注释行 n
*/
```

文档注释在使用方法上与多行注释一致。另外,还可以使用 javadoc 命令来识别该注释,并将该注释写入自动创建的 java 程序说明文档中,从而大大方便软件开发项目团队为自己的软件编写程序说明文档。例如,

```
/* *
*一个简单的 Java 程序,输出"你好,世界!"
*/
```

1.3.5　Java 代码的风格规范

1.{ }的风格规范

{ }用于定义类块、方法块以及控制块,用于规定一段程序语句集的范围。

(1)类似 C 语言的风格规范

在 C 语言中,开始块"{"和结束块"}"各自占有单独的一行。Java 语言可以使用类似 C 语言的风格规范。

▶ 例1-3　类似 C 语言风格规范的 Java 程序。

代码如下:

```
public class CStyle
{
    public static void main( String[] args)
    {
    System.out.println("C 语言的风格规范");
    }
}
```

(2)Java 语言的风格规范

Java 语言为了使代码更加简短,它的开始块"{"写在声明的后面,与声明在同一行,而结束块"}"写在主体的后面,自成一行。

▶ 例1-4　当前 Java 语言风格规范的 Java 程序。

代码如下:

```
public class JavaStyle{
    public static void main( String[] args){
        System.out.println("Java 语言的风格规范");
    }
}
```

2.代码的缩进

在 Java 语言中,规定以"{ }"作为程序代码的上下文包含关系,且"{ }"中的代码要相对于"{"向右缩进 4 个空格,通常使用一个 Tab 键来代替 4 个空格。例如,

```
{
- Tab -{
- Tab -}
}
```

采用这种方式编写的代码具有结构规范、可读性强的优点,且易发现其中语法错误。

思考与练习

❶ Java 语言具有的特点包括_____。

A.面向对象　　　　　B.跨平台　　　　　C.安全　　　　　D.以上所有选项都正确

❷ Java 源程序文件的扩展名为_____。

A..txt　　　　　B..exe　　　　　C..java　　　　　D..class

❸ 将 Java 源程序文件编译为字节码文件的命令是_____。

A.Java　　　　　B.javac　　　　　C.Javadoc　　　　　D.以上所有选项都不正确

❹ 下列对 Java 的 main( )方法定义的选项中,哪个是正确的?

A.public void main(String arg[]){...}

B.public static void main( ) {...}

C.private static void main(String args[]){...}

D.public static void main(String args[]){...}

❺ 下面这段代码所在的源程序文件的名称是_

```
public class HelloJerry{
public void sayHello() {...}
}
```

A.hellojerry.java　　　　　　　　　B.HelloJerry.java

C.HelloJerry.class　　　　　　　　　D.sayHello.java

第2章
Java 语法概述

本章思政目标

2.1 Java 语法简介

 2.1.1　Java 程序基本结构

　　Java 程序代码必须放在类中,类是构成 Java 程序的基本单位。类需要使用 class 关键字定义。

　　一个可以独立运行的 Java 程序,必须定义一个包含 main()方法的起始类。当执行一个 Java 程序时,起始类第一个被装入虚拟机,虚拟机找到其中的 main()方法后,从 main()方法的第一行开始执行程序。

　　简单的 Java 程序的常用格式如下:

```
[类修饰符] class <类名>{
    public static void main( String[]    args){
    程序代码
    }
}
```

　　其中:

　　• class 前的修饰符可以省略,也可写成"public"。若写成"public",则文件名必须与类名相同。

　　• main 前的修饰符必须是公有的、静态的和无返回值的,现在不必明白每个词的具体含义,在编写 Java 程序时在 main()方法前一起加"public static void"即可。

　　• main 参数必须为 String 类型的数组,参数名字常写成"args",写成"String[]   args"或"String args[]"均可。

　　• Java 代码分为结构定义语句和功能执行语句,每条功能执行语句的最后都必须用分号(;)结束。例如:System.out.println（"Helloworld"）;

　　• Java 语言是严格区分大小写的。例如:String、string 具有不同的含义。

出于可读性的考虑,应该让自己编写的程序代码整齐美观、层次清晰。下面的代码是不被推荐的。

```
public class HelloWorld {public static void main(String[]  args){System.out.println("HelloWorld");}
}
```

在编写程序时,为了便于阅读,常常会添加注释。

2.1.2 标识符和关键字

1.标识符

简单地说,标识符就是一个名字,是在程序中定义的用来标识包名、类名、接口名、方法名、变量名、常量名、数组名的字符序列。

(1)标识符的组成。

Java 规定:标识符由字母、数字、下划线(_)和美元符号($)组成,第一个字符不能是数字,且不能是 Java 中的关键字。下面列举一些合法的和非法的标识符。

合法的标识符:	非法的标识符:	
studentName	♯name	//♯是非法字符
studentname	12name	//不能以数字开头
Points	int	//int 是关键字
$ points	&sum	//& 是非法字符
_123_	for	//for 是关键字

(2)关于标识符的 Java 规范

在 Java 程序中使用标识符,还需要遵循以下命名约定。

• 类和接口名:每个单词的首字母大写。如 MyClass、HelloWorld、Time 等。

• 变量和方法名:第一个单词首字母小写,其余单词首字母大写;尽量少用下划线。如 myName、setTime 等。这种命名方法叫作驼峰式命名。

• 常量名:基本数据类型的常量名全部使用大写字母,单词之间用下划线分隔;对象常量可大小写混用。如 SIZE_NAME、PI、MAX_INTEGER 等。

• 包名:所有字母一律小写,包名之间可以用点(.)分隔。如 cn.com.test 等。

• 见名知意:如用 userName 表示用户名、password 表示密码。

2.关键字

关键字是事先定义的、对编译器有特别意义的单词,有时也叫保留字。Java 中所有的关键字都是小写的,每一个关键字都有特殊的含义。下面是 Java 所有的关键字,共 50 个。

abstract	assert	boolean	break	byte
case	catch	char	class	const
continue	default	do	double	else
enum	extends	final	finally	float
for	goto	if	implements	import
instanceof	int	interface	long	native
new	package	private	protected	public
return	strictfp	short	static	super

| switch | synchronized | this | throw | throws |
| transient | try | void | volatile | while |

2.1.3 Java 数据类型

Java 中的数据类型分两种:基本数据类型和引用数据类型,如图 2-1 所示。本节先来介绍 Java 中的基本数据类型。

Java 语言提供了 8 种基本数据类型:6 种数值型(4 种整数型,2 种实数型),1 种字符型,还有 1 种布尔型。

图 2-1 Java 数据类型

1.整数型

Java 中的整数型有 4 种:字节型(byte)、短整型(short)、整型(int)以及长整型(long),从大到小占据 1、2、4、8 字节的内容空间,取值范围也由小到大。如表 2-1 所示。

表 2-1　　　　　　　　　　　　　　　整数型

类型名	占用空间	取值范围	默认值
byte	8 位(1 字节)	$-2^7 \sim 2^7 - 1$	0
short	16 位(2 字节)	$-2^{15} \sim 2^{15} - 1$	0
int	32 位(4 字节)	$-2^{31} \sim 2^{31} - 1$	0
long	64 位(8 字节)	$-20^{63} \sim 2^{63} - 1$	0L

Java 整数型可以表示成二进制、八进制、十进制或十六进制的形式。二进制数以"0b"或"0B"开头,如:0b01101101、0B10110100;八进制以"0"开头,如:0125、067;十六进制以"0x"或者"0X"开头,如:0x12CE、0X100。

长整型数用数值后面加"L"或"1"表示,如:123L、361。理论上,L 不分大小写,但是若写成"1"容易与数字 1 混淆,不容易分辨,所以最好大写。

2.实数型

Java 语言的实数型分为单精度型(float)和双精度型(double),在内存中分别占 4 字节和 8 字节。双精度型比单精度型具有更高的精度和更大的表示范围,如表 2-2 所示。

表 2-2　　　　　　　　　　　　　　　实数型

类型名	占用空间	取值范围	默认值
float	32 位(4 字节)	$1.4E-45 \sim 3.4E38, -3.4E38 \sim -1.4E-45$	0.0f
double	64 位(8 字节)	$4.9E-324 \sim 1.7E308, -1.7E308 \sim -4.9E-324$	0.0d

实数型数据不能用来表示精确的值,如货币;实数型的取值范围要远远大于整数型,可

以用指数形式表示,例如:1.23e＋12f、1.0e－2。

 注意:实数型数据的默认类型是 double 型,如赋值语句"float fl＝123.4f"后面的 "f"不能省略,否则会出错。

3.字符型(char)

Java 使用 Unicode 字符编码,每个字符在内存中占两个字节。Unicode 编码的最小值是"\u0000"(0),最大值是"\uff"(65 535),所以 Java 中的字符有 65 536 个。

char 表达的字符要用单引号(')引起来,如:'A'。所有的字符都可以用编码来表达,'\u0000'代表空格。Java 中还有一种特殊的字符——转义字符,一些常见的转义字符如表 2-3 所示。

表 2-3　　　　　　　　　　　　　　　常见的转义字符

转义字符	含义	转义字符	含义
\r	回车(光标到行首)	\'	单引号字符
\n	换行	\"	双引号字符
\t	制表符	\\	反斜杠字符
\b	退格符	\uxxxx	Unicode 码表示的字符

4.逻辑型(boolean)

逻辑型也称布尔型,用来表示关系运算和逻辑运算的结果,只有两个取值——true 和 false,默认值是 false。

 注意:Java 中的布尔型不同于 C 语言,不可以用非 0 和 0 代表逻辑值真、假。如下面的语句是错误的:boolean b＝0;

2.2 Java 的运算符、表达式及语句

2.2.1 运算符

运算符是连接操作数的符号,根据操作数个数的不同,运算符可分为:单目运算符、双目运算符和三目运算符(仅有条件运算符一个)。下面按照功能的不同分类介绍这些运算符:

1.算术运算符(＋、－、*、/和%)

算术运算符所实现的功能与数学中的运算符差不多,这里着重介绍两个"特殊"的运算符:

(1)"/"进行的是除法运算,运算结果与操作数的类型有关:当操作数为整数时,执行的是除法取整运算,结果仍为整数,例如:5/2 的结果为 2;当操作数为浮点数时,则是通常意义

上的除法,例如:5.0/2.0 的结果为 2.5。

（2）"％"完成的是取模运算,即求余数,例如:5％2 的结果为 1。这可用来判断整数的奇偶性。

2.自增(自减)运算符(＋＋、－－)

自增(自减)运算符均为单目运算符,功能是让操作数的值增 1(或减 1),在循环语句中常用来修改循环变量的值,以控制循环次数。按照运算符的位置不同,又可细分为前缀、后缀两种形式,它们的功能不尽相同,现用两个赋值表达式来说明它们的差异,设 x、y 是两个数值变量,那么:

（1）y＝＋＋x(或 y＝－－x):表示先让 x 的值增 1(减 1),再获取 x 的值。

（2）y＝x＋＋(或 y＝x－－):表示先获取 x 的值,再让 x 的值增 1(减 1)。

从上不难看出,无论是前缀形式还是后缀形式,x 的最终结果都是一样,但是 y 值则不同。

3.关系运算符(＞、＞＝、＜、＜＝、＝＝、!＝)

关系运算符的含义与数学中的关系运算符相同,但是要注意书写方法的差异,不能将＝＝写成＝。若运算结果为 boolean 型,只能是 true 或 false,主要用来进行条件判断或循环控制。仔细分析,可以发现有三组关系式:＜和＞＝、＞和＜＝、＝＝和!＝,每对中的两个运算符都是互为相反结果的运算,当其中的一个值为 true 时,另一个运算结果必定为 false。清楚了这些关系,在构造条件表达式时,就能针对同一问题,使用两种不同的表达式,达到"异曲同工"的效果。

4.逻辑运算符(!、＆＆、||)

这三个运算符的操作数都是 boolean 型,其运算结果也为 boolean 型。

（1）单目运算符!(非)的运算规则是:!true 即为 false,!false 则是 true;

（2）双目运算符＆＆(与)的运算规则是:只有同时为 true 时,结果才为 true;

（3）双目运算符||(或)的运算规则是:只有同时为 false 时,结果才为 false。

它们的运算优先级依次为!、＆＆、||(或)。这里,再给出几个等式,请思考:这些等式为什么成立。

> !! a＝＝a;　!(a＆＆b)＝＝! a||! b;　!(a||b)＝＝! a＆＆! b

现在讨论一下使用＆＆、||运算符时可能出现的"短路"现象:

在形如:□＆＆ □＆＆ □＆＆ …的表达式中,只要前面有一个表达式□的值为 false,则整个表达式的值就为 false,此后各表达式不再计算,因为它们的值无论是 true 还是 false,都不会影响整个表达式的运算结果。类似的,在形如:□||□||□||…的表达式中,只要前面有一个表达式□的值为 true,则整个表达式的值也就为 true,后面各表达式的值也不必再计算,因为后续表达式的值同样不会影响整个表达式的运算结果。

"短路"现象带来的直接后果是有些后续表达式没有进行运算,要避免这种情况的发生,可使用位运算符＆、|来取代＆＆、||。

很多时候,大家都会认为构造逻辑表达式是一件困难的事情,不知从何入手。这里,仅举两个例子来说明逻辑表达式的构造过程,或许你能从中得到一些启示。

▷ **例 2.1**　设 ch 是一字符,要求写出"ch 是英文字母或数字"的逻辑表达式。

分析:依据题意,ch 可以是大写字母,也可以是小写字母,或者是数字。这三种情况只要具备一种即满足要求。所以,采用"先分解,再汇总"的办法就能顺利写出表达式。

(a) ch 为大写字母的条件:

ch>='A' && ch<='Z'

(b) ch 为小写字母的条件:

ch>='a' && ch<='z'

(c) ch 为数字的条件:

ch>='0' && ch<='9'

最后,用||运算符连接起来即可:

(ch>='A'&&ch<='Z') || (ch>='a'&&ch<='z') || (ch>='0'&&ch<='9')

关键点:char 型与 int 型类似,可以比较大小;理解"与""或"的含义。

▷ **例 2.2**　设 year 是 int 型,用它来表示"年份"。要求写出"闰年""平年"的条件。

分析:由历法知识可知,"闰年"需要满足下列条件之一:

(1)年份值能被 4 整除,但不能被 100 整除;

(2)年份值能被 400 整除。

所对应的表达式分别为:

(1)(year%4==0)&&(year%100! ==0)
(2)(year%400==0)。

再用||连接起来即可。

闰年条件:

(year%4==0)&&(year%100! ==0)||(year%400==0)

平年条件:

! ((year%4==0)&&(year%100! ==0)||(year%400==0))

关键点:用%之后的余数为是否为 0 来判断整除情况;括号( )的灵活运用;理解"与""或""非"的含义。

上面两个例子最后都是用||连接纯属巧合,实践中如何运用要具体问题具体分析。

5.位运算符(~、&、|、^)

计算机中的数据是以二进制方式存储的,利用位运算符可以操作数据的"位"。其中:

(1)~(非)的运算规则是:~1 即为 0,~0 则是 1;

（2）&（与）的运算规则是：只有同时为 1 时，结果才为 1；

（3）|（或）的运算规则是：只有同时为 0 时，结果才为 0；

（4）^（异或）的运算规则是：只有一个位为 1，另一个位为 0 时，结果才为 1。

由异或运算规则还可推出下列式子：

a^a=0,a^0=a, c=a^b, a=c^b；

如果双方约定数据与同一个数 b 进行异或运算，则可以实现加密、解密功能。

▷ 例 2.3　　　　位运算符的使用,调用了 int 包装类 Integer 的 toBinaryString()方法来显示整数的二进制位。代码如下：

```java
class BitsOperation {
        public static void main(String args[]) {
                int x=11;
                int y=13;
                System.out.println("" + x + "的二进制表示:" + Integer.toBinaryString(x));
                System.out. println("" + y + "的二进制表示:" + Integer.toBinaryString
(y));
                System.out.println();
                System.out.println(x + "&" + y + "的二进制表示:"+ Integer.toBinaryString
(x & y));
                System.out.println(x + "|" + y + "的二进制表示:"+ Integer.toBinaryString(x
| y));
                System.out.println(x + "^" + y + "的二进制表示:"+ Integer.toBinaryString(x ^
y));
                System.out.println("~" + x + "的二进制表示:" + Integer.toBinaryString(~
x));
        }
    }
```

程序运行结果：

11 的二进制表示:1011

13 的二进制表示:1101

11&13 的二进制表示:1001

11|13 的二进制表示:1111

11^13 的二进制表示:110

~11 的二进制表示:11111111111111111111111111110100

> 例 2.4　　用异或运算符进行加密、解密。代码如下：

```java
public class EncryptDemo
{
        public static void main(String args[])
        {
                char ch1='二', ch2='点', ch3='抓', ch4='捕';
                char secret='x';
                ch1=(char) (ch1 ^ secret);
                ch2=(char) (ch2 ^ secret);
                ch3=(char) (ch3 ^ secret);
                ch4=(char) (ch4 ^ secret);
                System.out.println("密文："+ ch1 + ch2 + ch3 + ch4);
                ch1=(char) (ch1 ^ secret);
                ch2=(char) (ch2 ^ secret);
                ch3=(char) (ch3 ^ secret);
                ch4=(char) (ch4 ^ secret);
                System.out.println("原文："+ ch1 + ch2 + ch3 + ch4);
        }
}
```

程序运行结果：

密文：佴烁捃捷

原文：二点抓捕

6. 移位运算符：(<<、>>、>>>)

(1) <<(左移)：a<<b 表示将二进制形式的 a 逐位左移 b 位，最低位空出的 b 位补 0。

例：

int a=17；a<<2=68

即 17 扩大了 $2^2=4$ 倍，如图 2-2 所示。

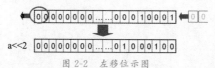

图 2-2　左移位示图

(2) >>(带符号右移)：a>>b 表示将二进制形式的 a 逐位右移 b 位，最高位空出的 b 位补原来的符号位(即正数补 0，负数补 1)；

例：

int a=17；a>>2=17/2^2=4

如图 2-3 所示。

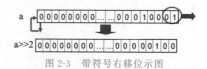

图 2-3　带符号右移位示图

（3）>>>（无符号右移）：a>>>b 表示将二进制形式的 a 逐位右移 b 位，最高位空出的 b 位一律补 0。

例：

int a＝17；a>>>2＝17/2^2＝4

如图 2-4 所示。

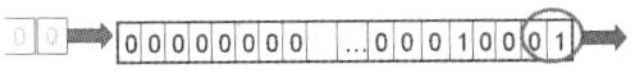

图 2-4　无符号右移位示图

说明：

①移位运算适用 byte、short、char、int、long 类型数据，对低于 int 型的操作数将先自动转换为 int 型再移位；

②对于 int（或 long）型整数移位 a>>b，系统先将 b 对 32（或 64）取模，得到的结果才是真正移位的位数。

7.赋值运算符（＝、＋＝、－＝、＊＝、/＝、%＝、&＝、|＝、!＝、<<＝、>>＝）

程序中会大量使用赋值运算符，其功能是：先计算右边表达式的值，再赋给左边的变量。

例如：

x%＝10；%＝

是复合赋值运算符，该表达式与 x＝x%10 等价。

再如：

a＝b＝c＝0；

连续赋值，此表达式与 c＝0，b＝0，a＝0 等效，运算顺序从右向左。

8.条件运算符：（?:），三目运算符

格式：逻辑表达式 ? 值 1：值 2

执行过程：若逻辑表达式为 true，就取值 1，否则取值 2。

例如：设 x、y 是 double 型数据，则：

y＝(x>=0)? x ：(－x)；

得到 x 的绝对值

在前面，我们用了相当的篇幅来介绍运算符。现在，来说一说运算符的执行顺序——优先级。在 Java 语言中共有十几种优先级，每个运算符分属确定的一个优先级，圆括号可以改变计算顺序，优先级最高，赋值运算符的优先级最低。但我们没有必要去记忆这些运算符的优先级，只需对从高到低排序有一个大体了解就行了：单目运算符→算术运算符→移位运算符→关系运算符→位运算符→逻辑运算符→条件运算符→赋值运算符。随着学习的深入，自然就熟悉了各运算符的执行顺序。通常，同一优先级的运算符按从左到右方向执行，只有＋＋、－－、～、!和赋值运算符的方向是从右到左。

2.2.2　表达式

表达式是由运算符和操作数组成的有意义的式子，它们是构成语句的重要基础。

例如：

> 5.0 + a、(a−b)*c−4、i<30 && i%10!=0 等。

表达式的运算结果称为表达式值,该值对应的数据类型称为表达式类型。表达式的运算顺序是按照运算符的优先级从高到低来进行的,优先级相同的运算符按照事先约定的结合方向进行运算。

要构造复杂的表达式,仅有数据类型、常量、变量及运算符的知识还不够,还需要用到一些数学函数。所以,掌握 Math 类的常用静态方法,如:abs(double a)、random( )、pow(double a，double b)、sqrt(double a)等是非常必要的。

2.2.3 语句

在一个表达式的尾部加上分号(;)就形成了一条语句,语句是构成程序的基本单位,程序就是由一条一条的语句组合而成的。语句有多种形式,常用的有变量声明语句、赋值语句、方法调用语句等,例如:

> int n=0；n=n+2；System.out.println("您好!");

通常,一条语句是一行代码,但也可以写成多行。

1.程序的注释

给程序添加注释的目的,就是对程序某些部分的功能和作用进行解释,以增加程序的可读性。注释会在程序编译时被删除,所以它不是构成程序的必要部分,更不属于语句范围。但是,注释是为语句服务的,两者联系密切。

Java 程序的注释有三种格式:

(1)单行注释:以"//"开始,到行尾结束。

例如:

> int flag=0；//定义了一个标志变量,1为某一种状态,0为另一种状态

(2)多行注释:以"/*"开始,到"*/"结束,可以跨越多行文本内容。

(3)文档注释:以"/**"开始,中间行以"*"开头,到"*/"结束。使用这种方法生成的注释,可被 Javadoc 类工具生成为程序的正式文档。

在大型程序中,注释内容通常要占 30%～40%的分量,目的是建立较为完整的文档资料,方便开发团队的成员阅读、理解。所以,读者在编写代码时要养成添加注释的良好习惯。

2.复合语句

复合语句又称块语句,是包含在一对大括号({ })中的语句序列,整体可以看作是一条语句,所以,"{"之前和"}"之后都不要出现分号(;),例如:

```
if (b*b−4*a*c>0) {
    x1=(−b−Math.sqrt(b*b−4*a*c))/(2.0*a);
    x2=(−b+Math.sqrt(b*b−4*a*c))/(2.0*a);
}
```

说明：

(1)在复合语句中可以定义常量、变量,但该常量、变量数据的作用域仅限该复合语句;

(2)在复合语句中还可以包含其他的复合语句,即复合语句允许多层嵌套。

在下一节中,我们将介绍流程控制,通常会用到复合语句。

 ## 2.3　结构化程序设计

结构化程序设计中一般包含 3 种基本结构:顺序结构、选择结构和循环结构,下面主要讲解选择结构和循环结构。

2.3.1　选择结构

1.if 语句

选择结构使程序可以根据不同的条件,选择不同的处理和应对方式。在 Java 中,可以采用 if 语句和 switch 语句来实现程序的选择结构。

```
if(条件表达式){
    语句或语句块;
}
```

语句或语句块中如果只有一条语句,可以不用{}括起来,但是为了增强程序的可读性,最好不要省略。单分支 if 语句流程如图 2-5 所示。

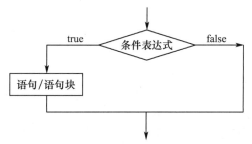

图 2-5　单分支 if 语句流程图

执行过程:首先计算表达式的值,如果条件表达式的值为 true,则执行紧跟其后的语句或语句块;如果条件表达式为 false,则直接执行 if 语句后的其他语句。

2.if...else 语句

if...else 语句也叫双分支语句,定义格式如下所示:

```
if(条件表达式){
语句/语句块 1;
}else{
语句/语句块 2;
}
```

if...else 语句流程如图 2-6 所示。

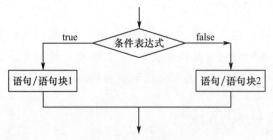

图 2-6 if...else 语句流程图

if...else 语句的执行过程:首先计算表达式的值,如果条件表达式的值为 true,则执行 if 后的语句或语句块;如果条件表达式为 false,则执行 else 后的语句或语句块。

3.if...else if 语句

if...else if 语句格式用于对多个条件进行判断,执行多种不同的处理。if...else if 语句格式如下所示:

```
if(条件表达式 1){
语句/语句块 1;
}else if(条件表达式 2){
语句/语句块 2;
......
else if(条件表达式 n){
语句/语句块 n;
}else {
语句/语句块 n+1;
}
}
```

if...else if 语句流程如图 2-7 所示。

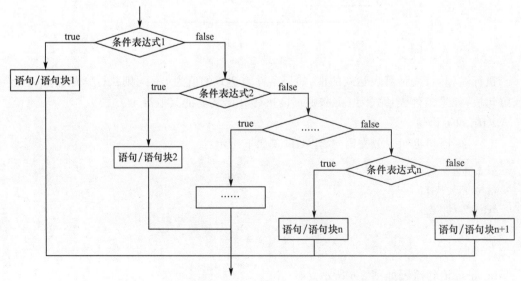

图 2-7 if...else if 语句流程图

> **例 2-5**   输出整数的位数(整数的取值范围为 0～9999)。

```java
// Ex2_5.java
public class Ex2_5
{
    public static void main(String[]    args)
    {
        int num＝235;                    //定义整型变量,存放要判断的数
        String str;                      //定义字符串变量,存放结果

        if(num＜10)
        {
            str＝"1 位数";
        }
        else if(num＜100)
        {
            str＝"2 位数";
        }
        else if(num＜1000)
        {
            str＝"3 位数";
        }
        else if(num＜10000)
        {
            str＝"4 位数";
        }
        else
        {
            str＝"无法判断";
        }
        System.out.println(num＋"是"＋str);
    }
}
```

程序运行结果：235 是 3 位数

4.switch 语句

switch 语句称为多分支语句,又称为开关语句。if...else if 语句适用于多个条件的选择判断,当出现多层次时,直观性不强,可以使用 switch 语句代替。switch 语句的格式如下：

```
switch(表达式)
{
    case    常量表达式1;    语句组1;    break;
    case    常量表达式2;    语句组2;    break;
    ……
    case    常量表达式n;    语句组n;    break;
    default:               语句组n+1;    break;
}
```

switch 语句执行过程：程序执行至 switch 语句首先对括号内的表达式进行计算，然后按顺序找出与常量表达式值相匹配的 case，以此作为入口，执行 case 语句后面的各个语句组，直到遇到 break 或 switch 语句的右花括号终止语句。如果没有任何一个 case 能与表达式值相匹配，则执行 default 语句后的语句组，若 default 及其后语句组省略，则不执行 switch 中任何语句组，而继续执行下面的程序。

使用 switch 语句需要注意以下问题：

(1)switch 后括号中的表达式必须为 byte、char、short、int 类型，不接受其他类型。

(2)case 后是整数或字符，也可以是常量表达式，同一 switch 语句的 case 值不能相同。

(3) default 子句是可选的。

(4)break 语句的功能是执行完某一个 case 分支后，跳出 switch 语句，即终止 switch 语句的执行。但是如果多个不同的 case 值执行同一组语句时，同一组中前面的 case 分支可以省略 break 语句。

(5) switch 语句可以代替多个条件的 if 语句，一般来说，switch 语句执行效率较高。

下面通过一个例子来比较一下用 switch 语句和 if...else if 语句实现多分支结构的不同。请看例 2-6。

▷ 例 2-6　评定学生成绩等级。

```java
    //Ex2_6.java
import javax.swingJOptionPane;
public class Ex2_6
{    // 用 if...else if 实现多分支
    public static void testIf()
    {
        int score=Integer.parseInt(JOptionPane showInputDialog("请输入百分制成绩"));
        String grade;
        if(score>=0 && score<=100)
        {
            if(score>=90)
            {
                grade="A";
```

```
        }
        else if(score>=80)
        {
            grade="B";
        }
        else if(score>=70)
        {
            grade="C";
        }
        else if(score>=60)
        {
            grade="D";
        }
        else
        {
            grade="E";
        }
        System.out.println("成绩为"+score+"对应的等级为"+grade);
    }
    else
    {
        System.out.println("成绩输入错误,无法判定!");
    }
}
//用 switch 实现多分支判断等级制成绩
public static void testSwitch()
{
    int score=Integer.parseInt(JOptionPane.showInputDialog("请输入百分制成绩"));
    String grade;
    if(score>=0 && score<=100)
    {
        switch((int) score/10)
        {
            case 10:
            case 9:grade="A";    break;
            case 8:grade="B";    break;
            case 7:grade="C";    break;
            case 6:grade="D";    break;
            default: grade="E";
            System.out.println("成绩为"+score+"对应的等级为"+grade);
```

```
        }
      }
    else
    {
      System.out.println("成绩输入错误,无法判定!");
    }
  }
}

public static void main(String[] args)
{
  testIf();
  testSwitch();
}
}
```

5.JDK7 新特性——switch 支持字符串

在介绍 switch 语句时曾说过,switch 后表达式能接收的类型是有限的。在 JDK7 之前 switch 只能支持 byte、short、char、int 或者其对应的封装类以及 Enum 类型。在 JDK7 中, switch 语句的判断条件增加了对字符串类型的支持。下面通过一个例题程序来演示一下在 switch 语句中如何使用字符串。

▷ **例 2-7** switch 支持字符串的程序示例。

```
// Ex2_7.java
public class Ex2_7
{
  public static void main(String[] args)
  {
  String week="Friday";
  switch(week){
  case"Monday":
      System.out.println("星期一"); break;
  case"Tuesday":
      System.out.println("星期二"); break;
  case"Wednesday":
      System.out.println("星期三"); break;
  case"Thursday":
      System.out.println("星期四"); break;
  case"Friday":
      System.out.println("星期五");break;
  case"Saturday":
```

```
            System.out.println("星期六"); break;
    case "Sunday":
            System.out.println("星期日");break;
    default:
            System.out.println("你的输入不正确!!");
        }
    }
}
```

程序运行结果：

星期五

2.3.2 循环结构

在 Java 中有 3 种可以构成循环的循环语句。

1.while 循环语句

while 语句也称为"当"型循环语句,格式如下所示：

```
    while(条件表达式){
        循环体
    }
```

while 语句执行流程如图 2-8 所示。执行过程:计算条件表达式的值,当值为 true 时,执行循环体语句。执行完后再次判断条件表达式的值,当表达式的值为 true 时,继续执行循环体;当值为 false 时,退出循环。

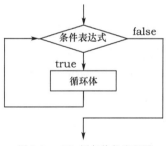

图 2-8   while 语句执行流程图

例 2-8   使用 while 语句计算从 1 到 100 的整数之和。

```
// Ex2_8.java
public class Ex2_8
{
    public static void main(String[]    args)
    {
        int sum=0,i=1;          //sum 的初值为 0
        while(i<=100){          //当 i 小于等于 100 时执行循环体
```

```
        sum＝sum＋i;        //在循环体中进行累加
        i＋＋;             //计数器i值自增1
    }
    System.out.println("1＋2＋3＋...＋100 的和为:"＋sum);
    }
}
```

程序运行结果:1＋2＋3＋...＋100 的和为 5050

2.do...while 循环语句

do...while 语句是先执行循环体,然后再判断条件表达式。do...while 语句定义格式如下所示:

```
do {
    循环体
}while(条件表达式);
```

do...while 语句执行流程如图 2-9 所示。执行过程:先执行 do 后面循环体中的语句,然后对 while 后圆括号中表达式的值进行计算,当值为 true 时,继续执行循环体;当值为 false 时,结束 do...while 循环。

while 语句与 do...while 语句的重要区别:while 循环控制出现在循环体之前,只有当 while 后面表达式的值为 true 时,才可能执行循环体;在 do...while 构成的循环中,总是先执行一次循环体,然后再求表达式的值,因此,无论表达式的值是 true 或者 false,循环体至少执行一次。

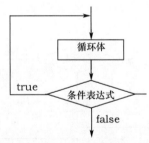

图 2-9 do...while 语句执行流程图

▶ 例 2-9 使用 do...while 语句计算从 1 到 100 的整数之和。

```
// Ex2_9.java
public class Ex2_6
{
    public static void main(String[]  args)
    {
        int sum＝0,i＝1;           //sum 的初值为 0
        do
        {
```

```
        sum＝sum＋i;        //在循环体中进行累加
        i＋＋;             //计数器 i 值自增 1
    }
    while(i＜＝100);        //当 i 小于等于 100 时执行循环体
        System.out.println("1＋2＋3＋...＋100 的和为:"＋sum );
    }
}
```

程序运行结果:

1＋2＋3＋...＋100 的和为 5050。

3.for 循环语句

for 语句是 Java 中最常用、功能最强、使用最灵活的循环语句之一。语句定义格式如下所示:

```
for(表达式 1;表达式 2;表达式 3){
    循环体
}
```

其中,表达式 1 是给循环变量赋初值的表达式,循环体内使用的变量也可以在此定义和赋值。表达式 1 中可以并列多个表达式,需要使用逗号隔开。表达式 2 为逻辑类型的常量或变量、关系表达式或逻辑表达式,是循环结束的条件,要避免陷入"死循环"。表达式 3 为增量表达式,每次执行完循环体后,都要执行该表达式改变其中变量的值。

for 语句执行流程如图 2-10 所示。执行过程:执行表达式 1,为循环体变量赋初值;判断表达式 2,如果表达式 2 为 true,执行循环体,然后执行条件表达式 3,即替换为"回到表达式 2",如果表达式 2 为 false,结束 for 循环。

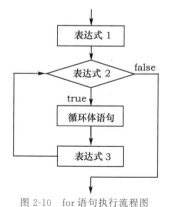

图 2-10　for 语句执行流程图

▶例 2-10　使用 for 语句计算 1 到 100 之间的整数之和。

```
// Ex2_10.java
public class Ex2_10
{
```

```
    public static void main(String[]  args)
    {
        int sum,i;                        //定义累加器 sum,计数器 i
        for(sum=0,i=1;i<=100;i++){        //当 i<=100 时执行循环体
            sum=sum+i;                    //在循环体中进行累加
        }
        System.out.println("1+2+3+...+100 的和为:"+sum);
    }
}
```

程序运行结果如下:

1+2+3+...+100 的和为:5050

2.3.3 跳转语句与多重循环

在 Java 语言中,有两个程序跳转语句:break 和 continue,用来实现程序执行过程中的流程转移。

1.break 语句

可以在 switch 语句中或者循环体内使用 break 语句。当 break 出现在 switch 语句中时,其作用是跳出该 switch 语句;当 break 出现在循环体中,其功能为退出循环,不执行循环体中剩余的语句,如果 break 语句出现在嵌套循环中的内层循环,则 break 只会退出当前所在的循环。break 语句定义格式如下所示:

```
break;
```

> **例 2-11** 判断一个整数是否为素数(除了 1 和它本身,不能被任何数整除)。

```
public class Ex2_11 {
    public static void main(String[]  args){
        int m=9;                    //要判断的整型数          int i;
        for(i=2;i<=Math.sqrt(m);i++)
                //判断某个数是否为素数,只要判断某个数是否能被 2 到 Math.sqrt(m)整除
if(m%i==0)
        break;                      //如果 m%i==0,则后面的数不需要判断结束循环
        if(i>Math.sqrt(m)){         //由于 for 条件不满足而退出循环,则是素数
        System.out.println(m+"是素数");
    } else {
        System.out.println(m+"不是素数");
    }
    }
}
```

程序运行结果:9 不是素数

2.continue 语句

continue 的作用是结束本次循环,即跳过本次循环体中余下尚未执行的语句,接着再一

次进行循环的条件判定。

▶ 例 2-12   输出 100 到 200 之间所有不能被 3 整除的数,每行输出 10 个。

```
    // Ex2_12.java
public class Ex2_12
{
    public static void main(String[]  args)
    {
        int count=0;
        for(int i=100;i<=200;i++){
            if(i%3==0)              //如果能被 3 整除,跳过本次循环体后面的输出
                continue;
            System.out.println(i+"");
            if(++count%10==0){      //输出 10 个就换行
                System.out.println();
            }
        }
    }
}
```

程序运行结果:

100	101	103	104	106	107	109	110	112	113
115	116	118	119	121	122	124	125	127	128
130	131	133	134	136	137	139	140	142	143
145	146	148	149	151	152	154	155	157	158
160	161	163	164	166	167	169	170	172	173
175	176	178	179	181	182	184	185	187	188
190	191	193	194	196	197	199	200		

3.多重循环

多重循环又称循环的嵌套。多重循环语句的执行方式与普通单一循环语句的执行方式相同,先执行循环体中的所有内容,包括循环语句,然后再进行判断,确定是否再次执行循环体。

▶ 例 2-13   输出乘法运算表。

```
    // Ex2_13.java
public class Ex2_13{
    public static void main(String[]  args){
        for(int i=1;i<=9;i++){//使用外层循环来控制行数
            for(int j=1;j<=i;j++)//内层循环控制每一行的列数,第 i 行显示 i 列
```

```
                    System.out.println(j+" * "+i+" = "+i * j+"t");
                Sytem.out.println();//内层循环结束,换行
            }
        }
    }
```

程序运行结果：

1 * 1＝1

1 * 2＝2 2 * 2＝4

1 * 3＝3 2 * 3＝6 3 * 3＝9

1 * 4＝4 2 * 4＝8 3 * 4＝124 * 4＝16

1 * 5＝5 2 * 5＝103 * 5＝154 * 5＝205 * 5＝25

1 * 6＝6 2 * 6＝123 * 6＝184 * 6＝245 * 6＝306 * 6＝36

1 * 7＝7 2 * 7＝143 * 7＝214 * 7＝285 * 7＝356 * 7＝427 * 7＝49

1 * 8＝8 2 * 8＝163 * 8＝244 * 8＝325 * 8＝406 * 8＝487 * 8＝568 * 8＝64

1 * 9＝9 2 * 9＝183 * 9＝274 * 9＝365 * 9＝456 * 9＝547 * 9＝638 * 9＝729 * 9＝81

> 例 2-14   猜数字游戏。

案例描述

随机生成一个0～99（包括0和99）的数字,从控制台输入猜测的数字,输出提示太大还是太小,继续猜测,直到猜到为止,游戏过程中,记录猜对所需的次数,游戏结束后公布结果。

运行结果：

我心里有一个0到99之间的整数,你猜是什么?

55

小了点,再猜!

60

小了点,再猜!

70

小了点,再猜!

90

大了点,再猜!

80

小了点,再猜!

85

这个数字是85

您猜的次数是6

要努力啊!

案例目标

• 学会分析"猜数字"游戏的逻辑思路。

- 能够独立完成程序的编写、调试和运行。
- 灵活运用选择和循环程序结构解决实际问题。

实现思路

(1)运用 Scanner 类进行控制台数据输入。

(2)运用 Math 类的 random 方法随机产生 0~99 的数字。

(3)在循环中不断比较输入的数字和产生的数字,给出提示信息直至正确。

(4)记录猜数字的次数,根据猜出的次数给出信息。

参考代码

```java
// Demo2_14.java
import java.util.Scanner;
public class Demo2_14 {
    public static void main(String[]  args){
        Scanner input＝new Scanner(System.in);
        int number＝(int)(Math.random( ) * 100);        //产生随机数
        int guess;                                       //用户猜的数字
        int count＝0;                                     //猜测次数

        System.out.println("我心里有一个 0 到 99 之间的整数,你猜是什么?");
        //用户猜测随机数
        do {
            guess＝input.nextInt();
            if(number＜guess){
                System.out.println("大了点,再猜!"); count＋＋;
            } else if(number＞guess){
                System.out.println("小了点,再猜!");count＋＋;
        } else {
            count＋＋;   break;
        } while(true);
        System.out.println("这个数字是"＋number);
        System.out.println("您猜的次数是"＋count);

        //根据猜测次数给出评价       if(count==1){
            System.out.println("你太聪明了!");
        } else if(count＞=2 && count＜=5){
            System.out.println("不错,再接再厉!");
        } else {
                System.out.println("要努力啊!");
            }
        }
}
```

思考与练习

❶ 以下标识符中,不合法的是(   )。

A.user   B.$ inner   C.class   D.login_1

❷ 下列选项中,属于浮点数常量的是(   )。

A.198   B.2e   3f   C.true   D.null

❸ 下列关于方法的描述中,正确的是(   )。

A.方法是对功能代码块的封装

B.方法没有返回值时,返回值类型可以不写

C.方法是不可以没有参数的

D.没有返回值的方法,不能有 return 语句

第3章
常量、变量与数组

本章思政目标

3.1 常量与变量

程序的核心是处理数据,不同的代码处理不同的数据。如何识别这些数据?在编程语言中,通过给数据命名的方式来解决这一问题。数据要先存放在内存中,才能被 CPU 处理,根据在内存中的可变性,数据分为常量和变量两种。常量和变量都属于某一种数据类型。

3.1.1 常量

所谓常量,是指在使用过程中,值固定不变的量,例如圆周率。使用常量可以大大提高程序的易读性和可维护性。

常量有字面常量和符号常量两种。

(1)字面常量

字面常量的值的意义如同字面所表示的一样。每一种基本数据类型和字符串类型都有字面常量。

例如:

数值常量:-12(十进制),037(八进制),0Xff(十六进制),156L(长整型),1.23F(单精度浮点数),1.23E$+$10 或 1.23E$+$10D(双精度浮点数)。

字符常量:$'A'$,$'\backslash t'$(转义字符),$'\backslash u0027'$(Unicode 编码)。

字符串常量:$"123"$,$"中国"$。

布尔常量:true,false。

null 常量:只有一个值,通常用来表示对象的引用变量值为空,即不指向任何对象。

(2)符号常量

符号常量由用户自定义符号代表一个常量,例如,圆周率用 PI 表示。运算过程中,当需要的圆周率的精度不同时,只需要修改符号常量 PI 的定义就可以了。

符号常量用关键字 final 来实现,其语法格式为

final　　数据类型　　符号常量名＝常量值；

其中,数据类型可以是任何数据类型,常量值需与数据类型匹配。例如:

```
final double PI＝3.1415926;        //将圆周率声明为双精度常量 PI
double area, r;                    //声明双精度变量
r＝15;                             //对变量 r 赋值
area＝PI * r * r;                  //计算圆面积
```

3.1.2　变量

变量是指在运行过程中,其值可以改变的量。在 Java 中,变量必须先声明后使用,所谓的声明即为变量命名。声明变量的格式为

[变量修饰符]数据类型　　变量名[＝初始值];

同样,数据类型可以是任何数据类型,初始值需与数据类型匹配。例如:

```
int x;
double a＝1.5;
```

Java 语言中的变量根据作用域范围的不同,有以下 4 种:

- 成员变量:在类中声明,但是在方法之外,因此作用域范围是整个类。
- 局部变量:在语句块内声明,作用域范围是从声明处直到该语句块的结束。
- 方法参数变量:作用域范围是整个方法。
- 异常处理参数变量:作用域范围是异常处理语句块。

> 例 3-1　　成员变量、局部变量和方法参数变量的区别。

```
public class Ex3_1{
    static Stringwelcome＝"Welcome";//方法外声明的变量是成员变量
//方法定义中声明的变量是参数变量
public static void main(String args[]){
String name＝"JackChen";
//方法内声明的变量是局部变量
System.out.println( welcome ＋ name＋ "!") ;
//可以引用成员变量、方法参数变量和已声明过的局部变量
    }
}
```

使用变量时需注意:

- 局部变量的使用要遵守先声明后使用的原则。
- 一个好的编程习惯是在声明一个变量的同时对它进行初始化。
- C、C＋＋中存在全局变量,在 Java 中没有全局变量。

例如:

```
int var；
var＝10；
```

当执行 int var；这条语句时，系统就会在内存中分配一块 4 个字节的空间来存储变量 var 的值，整型变量的默认值为 0，如图 3-1(a)所示，然后执行 var＝10，把变量 var 的值设置为 10，也就是 var 所对应的内存空间被写入整数 10，如图 3-1(b)所示。

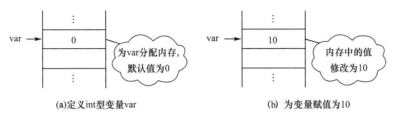

图 3-1　变量在内存中的表示

3.2　字符串引用数据类型 String 类

字符型 char 定义的变量只能存储一个字符，不能满足在生活中运用范围更广泛的字符序列(如学生姓名、书名、文章内容等)的存储和运算。因此，Java 语言在基本数据类型之外又提供了一种能存储字符序列的引用类型——String，该类型可以存储这类字符序列数据。

Java 语言在 java.lang 包中提供了 String 类来创建一个字符串变量。字符串变量是对象，在字符串的前后各放一个双引号，即为字符串的值。Java 语言还为之提供了一系列方法来操作字符串对象。String 类是不可变类，即一个 String 对象一旦被创建，包含在这个对象中的字符序列就不可改变。

3.2.1　String 字符串的创建

创建 String 字符串的最简单方式是使用字符串文本。例如，

```
//用一对双引号括起来一串字符即为字符串的值
String astring1＝"This is a string."；
String astring2＝astring1；
String astring3＝String（"java"）；
```

3.2.2　String 类常用的方法

(1)连接字符串。当需要将多个字符串连接在一起时，可以使用"＋"来完成。例如，

```
String s1＝"这个苹果"＋"很好吃"；
String s2＝"小红说："＋s1 ；
String s3＝s1 ＋ s2；
```

(2)计算字符串的长度。当需要计算字符串的长度时，使用 length( )就可以返回字符串中的 16 位的 Unicode 字符的数量。例如，

```
String str="Java";
int len=str.length( );              //len 的值为 4
```

（3）比较字符串。当需要比较字符串时，使用 equals(String str) 就可以比较当前字符串对象的值与参数指定的字符串的值是否相同，如果完全相同就返回 true，否则，返回 false。例如，

```
String tom="we are students";
String boy="We are students";
String jerry="we are students";
// tom.equals(boy)的值是 false，tom.equals( jerry)的值是 true
```

又如，

```
String str="Java";
if( "Java".equals(str)){
// 如果比较的结果是 true，控制台就会输出：两个字符串相等
System.out.println("两个字符串相等");
}
```

3.3 Java 语言中变量的输入和输出

编程人员在运行程序时，要与程序进行交互，这就需要面向标准输入设备和标准输出设备来进行输入和输出的交互。现阶段，标准输入设备默认为键盘，标准输出设备默认为显示器。

System 类是 Java 语言中一个功能强大、非常有用的类，是属于 java.lang 包的一个 final 类。其中，System.out 类是标准输出类，默认指显示器，用于程序输出，向用户显示信息。

Java 中常用的输出语句有以下 3 种：

```
System.out.print( );
System.out.println( );
System.out.printf( );
```

Java 5 新增了 java.util.Scanner 类。使用该类创建一个对象后，就可以很方便地通过控制台来获取键盘输入的内容。要想使用 Scanner 类，需要构造一个 Scanner 对象，并与标准输入流(System.in)相关联。例如，

```
Scanner scan=Scanner( System.in);
```

3.3.1 输入/输出举例

本节通过代码来说明 Java 语言中变量的输入和输出，例 3-2 说明了 Java 语言中基于 String 类的输入/输出。

> **例 3-2** Java 程序输入/输出示例。

代码如下：

```
import java.util.Scanner;
public class InputoutputCase{ //输入/输出示例
        public static void main( String[] args) {
            //创建输入类对象 scan
            Scanner scan＝Scanner( System.in);
            //在控制台上输出：请输入一句话
            System.out.println("请输入一句话:");
            //通过 scan 对象接收了控制台输入的一句话并赋值给 str 字符串变量
            String str＝scan.nextLine( );
            //在控制台上输出了刚才输入的那句话的值
        System.out.println( "str＝"＋str);
            }
        }
```

运行后的结果为：

请输入一句话：

你好，Java

str＝你好，Java

3.3.2　print( )/println( )方法输出数据

System.out.print()是常用的输出语句,它会把括号里的内容转换成字符串输出到输出窗口(控制台),输出后不换行。如果输出的是基本数据类型,就自动转换成字符串;如果输出的是一个对象,就自动调用对象的 toString()的方法,将返回值输出到控制台。

System.out.println( )也是常用的输出语句,它会把括号里的内容转换成字符串输出到输出窗口(控制台),输出会自动换行。如果输出的是基本数据类型,就自动转换成字符串;如果输出的是一个对象,就自动调用对象的 toString()的方法,将返回值输出到控制台。

(1)不同类型变量、常量、表达式的输出语句如下：

```
System.out.print(数值常量);
System.out.println( 数值常量);
System.out.print("字符串常量" );
System.out.println("字符串常量" );
System.out.print( 布尔常量);
System.out.println(布尔常量);
```

(2)计算数值的和,再输出。语句如下：

```
System.out.print( 数值常量|变量＋数值常量|变量);
System.out.println( 数值常量|变量＋数值常量|变量);
```

(3)将数值转变成字符串后进行字符串连接,再输出。语句如下：

```
System.out.print( 字符串常量|变量＋数值常量|变量);
System.out.println(字符串常量|变量＋数值常量|变量);
```

（4）先将表达式结果转换为字符串,再进行字符串连接,最后输出。语句如下:

```
System.out.print(字符串常量|变量＋表达式);
System.out.println(字符串常量|变量＋表达式);
```

▷ 例 3-3   常见的各种数据组合的 Java 输出语句。

代码如下:

```java
public class OutputCase { //输出的示例
    public static void main( String[] args) {
        int a=10;
        char c='男';
        String str1="你好,Java",str2="我们在学习变量的输出";
        boolean b1=true,b2=false;
        //不会换行,后面接下一句的输出语句
        System.out.print( "a="+a) ;
        System.out.println( "c=" +c);
        //会自动换行
        //不会换行,后面接下一句的输出语句
        System.out.print( "str1=" +str1);
        System.out.println( "str2="+str2);
        //会自动换行
        //不会换行,后面接下一句的输出语句
        System.out.print( "b1=" +b1);
        System.out.println( "b2=" +b2);//会自动换行
        //计算数值的和,再输出
        //不会换行,后面接下一句的输出语句
        System.out.print( "a +c=" +(a +c));
        System.out.println("c +a=" +(c +a)); //会自动换行
        //将数值转变成字符串后进行字符串连接,再输出
        //不会换行,后面接下一句的输出语句
        System.out.print( "str1 +a="+str1 +a) ;
        System.out.println( "str2 +c=" +str2 +c);//会自动换行
```

运行后的结果为:

```
a=10c=男
str1=你好,Javastr2=我们在学习变量的输出
b1=trueb2=false
a+c=30017c +a=30017
str1 +a=你好,Java10str2 +c=我们在学习变量的输出
```

3.3.3 printf（）方法输出

使用 System.out.print(x)，可以将数值 x 输出到控制台。这条执行语句将以 x 对应的数据类型所允许的最大非 0 数字输出。例如，

```
double x＝10000.0 /3.0;
System.out.print(x) ;
```

控制台将会输出：333.3333333333

如果希望能控制输出的字符宽度和小数点精度，则有可能出现问题。

在早期的 Java 版本中，格式化数值曾引起过一些争议。庆幸的是，Java5.0 沿用了 C 语言库函数中的 printf( )方法。例如，

```
System.out.printf( "%8.2f",x) ;
```

在该示例中，可以用 8 个字符的宽度和小数点后两个字符的精度输出 x。也就是说，输出一个空格和 7 个字符（小数点也占 1 个字符），例如，33333。

在 printf( )中，可以使用多个参数。例如，

```
System.out.printf( "Hello, %s.Next year ,you'll be%a",name ,age) ;
```

每一个以"%"字符开始的格式说明符都用相应的参数替换。格式说明符尾部的转换符指示被格式化的数值类型：f 表示浮点数，s 表示字符串，d 表示十进制整数。表 3-1 列出了 printf 转换符。

表 3-1   **printf 转换符**

转换符	类型说明	示例
s	字符串类型	Hello
c	字符类型	'男'
b	布尔类型	true
d	整数类型（十进制）	99
x	整数类型（十六进制）	9f
o	整数类型（八进制）	237
f	浮点类型	99.99
a	十六进制浮点类型	0x1.feedp3
e	指数浮点类型	9.38e ＋5
g	通用浮点类型（f 和 e 类型中较短的）	—
h	散列码（十六进制）	42628b2
%	百分号	%
n	换行符	—
tx	日期与时间类型（x 代表不同的日期与时间转换符）	—

printf 格式控制的完整格式为：

%－0m.n1 或 h 格式字符

1.%

这是格式说明的起始符号，不可缺少。

2.－

如果有－(减号)，就表示左对齐输出；如果省略，则表示右对齐输出。

3.0

如果有 0，就表示指定空位填 0；如果省略，则表示指定空位不填。

4.m、n

m 指域宽，即对应的输出项在输出设备上所占的字符数，可以应用于各种类型的数据转换，并且其行为方式都一样。n 指精度，不是所有类型的数据都能使用精度，且应用于不同类型的数据通信转换时，精度的意义也不同。

5.1 或 h

1 对于整型是指 long 型，对于浮点型是指 double 型。h 用于将整型的格式字符修正为 short 型。

6.格式字符用以指定输出项的数据类型和输出格式

(1)d 格式。d 格式用来输出十进制整数。有以下几种用法：

整型①%d：按整型数据的实际长度输出。

②% md：m 为指定的输出字段的宽度。如果数据的位数小于 m，则左端补以空格；如果数据的位数大于 m，则按实际位数输出。

③%ld：输出长整型数据。

(2)o 格式。o 格式以无符号八进制形式输出整数，对长整型可以用"% lo"格式输出，也可以指定字段宽度用"% mo"格式输出。

(3) x 格式。x 格式以无符号十六进制形式输出整数，对长整型可以用"% lx"格式输出，也可以指定字段宽度用"% mx"格式输出。

(4)u 格式。u 格式以无符号十进制形式输出整数，对长整型可以用"% lu" 格式输出，也可以指定字段宽度用"% mu"格式输出。

(5)c 格式。c 格式输出一个字符。

(6)s 格式。s 格式用来输出一个字符串。有以下几种用法：

①%s：直接输出字符串。例如，printf('%s',"CHINA")将输出"CHINA"字符串(不包括双引号)。

②%ms：输出的字符串占 m 列。如果字符串的长度大于 m，则突破获 m 的限制，将字符串全部输出。如果字符串的长度小于 m，则左侧补空格。

③%－ms：如果字符串的长度小于 m，则在 m 列范围内，字符串向左靠，右侧补空格。

④%m.ns：输出占 m 列，但只取字符串中的左端 n 个字符。这 n 个字符输出在 m 列的右侧，左侧补空格。如果 n>m，则自动取 n 值，即保证 n 个字符正常输出。

⑤%－m.ns：m、n 的含义同上，这 n 个字符输出在 m 列的左侧，右侧补空格。如果 n>

m,则自动取 n 值,即保证 n 个字符正常输出。

(7) f 格式。f 格式用来输出浮点数(包括单精度、双精度),以小数形式输出。有以下几种用法:

①%f:不指定宽度,整数部分全部输出,且输出 6 位小数。

②%m.nf:输出共占 m 列,其中有 n 位小数,如果数值宽度小于 m,则左侧补空格。

③% -m.nf:输出共占 m 列,其中有 n 位小数,如果数值宽度小于 m,则右侧补空格。

(8) e 格式。e 格式用于以指数形式输出实数。可用以下形式:

①%e:数字部分(又称尾数)输出 6 位小数,指数部分占 5 位或 4 位。

②%m.ne 和%—m.ne:m,n 和"—"的用法与上述相同。但是,此处的 n 表示数据的数字部分的小数位数,m 表示整个输出数据所占的宽度。

(9) g 格式。g 格式指自动选择 f 格式或 e 格式中较短的一种来输出,且不输出无意义的零。

关于 printf( )的进一步说明 :

如果想输出字符"%",则在"格式控制"字符串中连续使用两个"%"。

3.4 数 组

3.4.1 数组的概念

生活中总有那么一些物品,它们类型相同、数量众多,我们需要将它们分类摆放和管理。例如,采用一个 CD 盒子放一张 CD 的摆放方式,那么摆放 100 张 CD 就需要 100 个 CD 盒子,这既占空间又浪费资源,所以我们会选择用能一次装 100 张 CD 的 CD 包来装这 100 张 CD,如图 3-2 所示。这种摆放方式有一个特点,就是每张 CD 在 CD 包中都按顺序放置。如果给这些 CD 做一个带有序号的目录,那么当要获取某一张 CD 时,只要知道它的序号(位置),就能很容易地从该 CD 包中找到 CD 了。

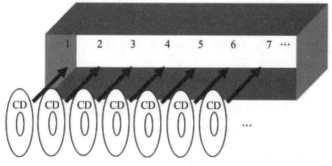

图 3-2 带有数字序号的 CD 摆放到 CD 包的方式

对于计算机程序来说,一个数据需要定义一个变量来保存,如果需要存储大量数据,就需要定义大量变量。例如,需要读取 100 个数,那么我们就需要定义 100 个变量,重复写 100 次代码。Java 语言提供的数组(array)可以解决这一问题。我们可以将数组看成存储相同数据类型元素的容器。例如,可以将 100 个数存储进数组。

数组是同一种类型数据的集合。数组一旦被定义,其存储的数据的数据类型也就确定了。

数组的最大好处就是能给存储进来的元素自动编号。数据在数组中的编号一般从 0 开始,这样的数据存储结构可以更加方便地让程序员读取数组中的每一个数据的值。例如,将学生的学号定义为数组,就可以通过学号找到对应的学生。

数组本身是引用数据类型,即对象。数组可以存储基本数据类型,未来也可以存储引用数据类型。

数组的举例如下:

```
int[] a＝int [10];         //定义可以存储 10 个整型数据的数组
a[0]＝101;
…
a[9]＝52;
String[]   s＝String [10];   //定义可以存储 10 个字符串数据的数组
s[0]＝"java";
…
s[9]＝"丁勇";
```

3.4.2　变量与数组的区别

从程序功能上看,变量和数组都是存储数据的容器,但二者在作用和在内存中存储结构上又有区别。变量存储的是单个值,而数组则可以存储多个值。在程序中可以定义多个变量,但变量名必须是不同的、唯一的,且它们在内存中的存储位置是离散的,如图 3-3 所示。数组在内存中的存储位置却是连续的,如图 3-4 所示。

图 3-3　变量的存储结构特点　　　　图 3-4　数组的存储结构特点

我们可以把数组理解为由多个变量按线性顺序排列组合成的一种新的容器,该容器使容器中所有的变量都成为它的子容器。这些子容器均使用相同的数组变量名,在数组变量名后跟着一个包含在"[]"中的连续的数字序号,通过序号来访问它们。这样,数组就可以像 CD 包一样按顺序存储数据了。

如果用变量存储 3 个数据,则需要定义 3 个名字不同的变量。同时,由于变量名不同,所以访问变量时需要一个一个访问。

```
int a＝10;
int i＝19;
int c＝52;
System.out.println(a);
System.out.println(i);
System.out.println(c);
```

使用数组则非常方便,只需要定义 1 个数组,就可以存储 3 个数据,而且还可以采用循环来遍历访问。

```
int a[]={52,7,39};
for(int i=0 ;i<3 ;i++){
    System.out.println(a[i]);
}
```

3.4.3 数组的定义

数组声明的两种方式:

数据类型[]数组名字;   例如,int[] a;

数据类型　数组的名字[];   例如,int a[];

数组和 String 都属于引用类型,而仅声明后的数组指向一个空指针,在内存中没有空间来存储数组中的数据(图 3-5),因此不能使用。要想使用数组中的数据,就必须创建数组对象。

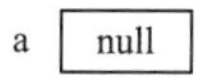

a [null]

图 3-5　数组 a 仅声明时的状态

数组的创建有以下三种方式:

(1)声明数组的同时,根据指定的长度分配内存。但是,数组中元素的值都为默认的初始化值。例如,

int[]ary1=int[5];

(2)声明数组并分配内存,同时将其初始化。例如,

int[]ary2=int[]{1,2,3,4,5};

(3)与前一种方式相同,只是语法更简略。例如,

int[] ary3={1,2,3,4,5};

从另一个角度,数组创建可以分为动态和静态。

(1)动态创建数组。在创建数组时,没有为元素赋值,可以结合 for 循环进行赋值。例如,

int[] ary3={1,2,3,4,5};

此时,数组的对象(内存分配给数组的存储空间)被创建,并将对象的首地址放到数组名来引用,对象可以存储 5 个整数数据,如图 3-6 所示。

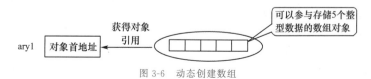

图 3-6　动态创建数组

(2)静态创建数组。在创建数组的时候,就为每个元素赋初值。例如,

```
int[]ary2=int[]{1,2,3,4,5};
```

这种方式又叫数组初始化创建方式,它在创建数组的同时,就为数组添加初值,其数组创建方式如图 3-7 所示。通常在数组值预先已经确定的情况下采用这种定义方式。

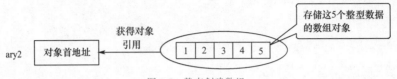

图 3-7 静态创建数组

数组的长度可以使用其 length 属性获取,例如,

```
int[] b1=int[]{1,2,3,4 ,5 ,6,7};
System.out.println(b1.length);
```

3.4.4 数组间的赋值

在其他程序语言中,不可以将一个数组直接赋值给另一个数组;但在 Java 语言中,语法上是允许这样做的,不过得到的效果是两个数组引用指向同一块内存。Java 数组间的赋值原理如图 3-8 所示。

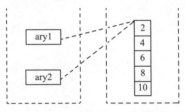

图 3-8 Java 数组间的赋值原理

```
int[] ary1={2,4 ,6,8,10};
int[] ary2;
ary2=ary1;          //允许这样赋值
```

由于在赋值过程中,两个数组同时指向一块内存,因此对其中一个数组的值进行修改后,另一个数组也会发生改变,以下示例中的代码就反映了这一内容。

> 例 3-4   声明两个整型的一维数组,并对第一个数组赋值,然后把第一个数组的值赋给第二个数组,再对数组的值进行修改,并观察两个数组的值的变化。

```
public class ArrayDemo {
public static void main( string[] args){
    int[] ary1={2,4,6,8,10};  //声明并初始化数组1
    int[] ary2;    //声明数组2
    ary2=ary1;      //将数组1赋值给数组2
    ary2[3]=1024;   //通过数组2修改其中一个元素的值
//输出数组1中的元素
System.out.println("数组1中的元素:");
```

```
for(int i=0 ;i<ary1.length;i ++)System.out.println( ary1[i]);
{
//输出数组 2 中的元素
System.out.println("数组 2 中的元素:");
}
for(int i=0 ;i <ary2.length;i ++ ){
System.out.println( ary2[i]);
    }
    }
}
```

3.4.5　数组及数组元素的特点

前面说过,我们可以把数组看成由众多变量按照线性顺序组合而成的新容器。这些构成数组的变量在数组中都有一个新的名字——数组元素。数组和数组元素有着以下特点:

(1)所有的数组元素都使用数组名来作为集体标识。

例如,int a[];

a 就是数组名,也是所有数组元素的共享名。

(2)同一个数组中的数组元素使用数组名+索引下标来区分,索引存放从 0 开始的整数,最后一个数组元素的索引下标为数组长度减 1。

例如,int a[]=int[3];

数组元素共有 3 个,分别为 a[0]、a[1]、a[2]。

(3)所有的数组元素都只能存储同一类型的数组,而存储类型就是数组定义的类型。例如,int a[]=int[3];

a[0]=10;	正确
a[1]=25;	正确
a[2]='Java';	错误
a[2]=33.05;	错误

3.4.6　对数组元素的访问

数组的元素是通过索引访问的。数组索引从 0 开始,所以索引值从 0 到长度减 1。

语法:

数组名字[索引];

例如,a[2];

> 例 3-5　首先声明一个数组变量 myList,接着创建一个包含 10 个 double 类型元素的数组,并且把它的引用赋值给 myList 变量。

代码如下:

```
public class TestArray {
    public static void main( string[] args){
```

```
//数组大小
int size＝10;
//定义数组
double[] myList＝double [size];
myList[0]＝5.6;
myList[1]＝4.5;
myList[2]＝3.3;
myList[3]＝13.2;
myList[4]＝4.0;
myList[5]＝34.33;
myList[6]＝34.0;
myList[7]＝45.45;
myList[8]＝99.993;
myList[9]＝11123;
//输出所有元素的值
System.out.println(myList[0]);
System.out.println(myList[1]);
System.out.println(myList[2]);
System.out.println(myList[3]);
System.out.println(myList[4]);
System.out.println(myList[5]);
System.out.println(myList[6]);
System.out.println(myList[7]);
System.out.println(myList[8]);
System.out.println( myList[9]);
    }
}
```

图 3-9 描绘了数组 myList。这里 myList 数组里有 10 个 double 元素,它的下标从 0 到 9。

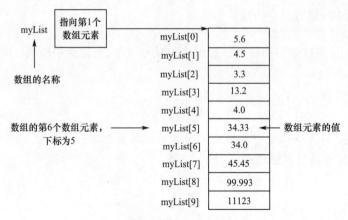

图 3-9　数组 myList

3.4.7　处理遍历

数组的元素类型和数组的大小都是确定的,在处理数组元素时,通常使用基本循环或者 foreach 循环。

> **例 3-6**　用遍历方法展示如何创建、初始化和操纵数组。

代码如下:

```
public class ForArray{
    public static void main( string[] args){
        double[] myList={1.9,2.9,3.4 ,3.5};
        for(int i=0；i< myList.length; i ++){
          System.out.println( myList[i]+"");
        }
    //输出所有数组元素
        double total=0;
        for(int i=0；i< myList.length; i ++ ){
           total +=myList[i];
        }
        System.out.println("总和是:" +total);
        //计算所有元素的总和

        double max=myList[0];
        for( int i=1; i< myList.length; i ++){
            if( myList[i] > max){
                max=myList[i];
            }
```

```
}
            //查找最大元素
System.out.println("最大值是:"+max);
    }
}
```

运行结果如下:

1.9

2.9

3.4

3.5

总和是:11.7

最大值是:3.5

JDK 1.5 引进了一种新的循环类型,称为 foreach 循环或者加强型循环,它能在不使用下标的情况下遍历数组,此处省略。

3.4.8 数组的常见异常

1.数组角标越界异常

▶ 例 3-7 Java 数组异常示例 1。

代码如下：

```
public class ExceptionArray01 {
    public static void main( string[] args){
        int[] x={1,2,3};
        System.out.println(x[3]);
    }
}
```

运行结果如下：

Exception in thread "main" java.lang.ArrayIndexOutOfBoundsException：3

at edu.learn.Exception.main（Exception.java：6）

原因：长度为 3 的数组的最大下标为 2，x[3]这个数组元素不存在。

2.空指针异常

▶ 例 3-8 Java 数组异常示例 2。

代码如下：

```
public class ExceptionArray02{
    public static void main( string[] args){
    int[] x;
    x[0]=10;
    }
}
```

运行结果如下：

Exception in thread "main" java.lang.NullPointerException

at edu.learn.Exception.main（Exception.java：8）

原因：数组 x 没有指向的数组对象，也就是没有被分配内存空间。因此，x[0]根本不存在。

3.4.9 数组的常见操作

数组是专门用来处理对大规模数据进行重复操作的一种数据结构，而大规模数据的处理在现代计算机算法中会经常使用，所以，关于数组的常见操作算法就变得很重要了。数组常见的操作有插入、删除、查找。

1.向已知数组插入一个值

▶ 例 3-9 已知有一个数组 int[] a={44,53,26,7,99,0}，要在下标 2 的位置插入一个数 78。

$$44 \quad 53 \quad 26 \quad 7 \quad 99 \quad 0$$

$$\uparrow$$

$$78$$

解题思路：如果直接把 78 放到下标 2 的位置，那么 26 就会被覆盖，这肯定不是我们想要的结果。所以，在插入时，应做的第一件事其实是顺序移动数组里下标 2 到下标 4 这 3 个数据，a[4]→a[5]，a[3]→a[4]，a[2]→a[3]。用一个通项公式表达就是 a[i+1]＝a[i]完成这个过程之后，再把 78 放到下标 2 的位置。

代码如下：

```
public class InsertArray {
    public static void main( string args[]){
        int[]arr＝{44,53 ,26,7,99,0};
        System.out.println("插入数据前的数组是:");
        for(int i=0;i<6;i++){
            System.out.print( arr[i] +"");
}
        for( int i=4;i>=2 ;i--){       //i 的变化为 4,3 ,2
        arr[i +1]＝arr[i];
}
//倒序移动数组里的元素,从 4 开始,移到 2 为止
arr[2]＝78;

System.out.println("插入数据后的数组是:");
for (int i=0;i<6;i ++){
System.out.print(arr[i] +"");
        }
    }
}
```

运行结果如下：

插入数据前的数组是：

44　53　26　7　99　0

插入数据后的数组是：

44　53　78　26　7　99

2.从已知数组中删除一个数据

▷ 例 3-10　　已知一个数组 int[] a＝{44 ,53 ,26,7,99,0}，需要删除下标为 0 的数据。

$$44 \quad 53 \quad 26 \quad 7 \quad 99 \quad 0$$

$$\downarrow$$

删除

解题思路：我们要清楚一个概念，当要删除一个数组元素的时候，并不是将这个元素赋值为 0，而是删除这个数据之后，我们把这个元素覆盖，并且后面的元素要依次往前移动。

代码如下：

```
public class DeleteArray {
    public static void main(String args[]){
    int[]  arr={44,53 ,26,7 ,99,0};
    System.out.println("删除数据前的数组是：");
    for(int i=0;i<6;i++){
        System.out.print(arr[i]+"");
}
    for(int i=0;i<5;i++){          //i的变化为4,3,2
        arr[i]=arr[i+1];     //1覆盖0,2覆盖1,以此类推
}
    //顺序移动数组里的元素,从0开始,移到4为止
System.out.println("删除数据后的数组是：");
for(int i=0;i<6;i++){
    System.out.print(arr[i]+"");
    }
    }
}
```

运行结果如下：

删除数据前的数组是：

44 53 26 7 99 0

删除数据后的数组是：

53 26 7 99 0 0

3.从已知数组中查找一个数,并返回其位置

▷ 例 3-11   已知一个数组 int[] a＝{44，53，26，7，99，0}，需要查找 26 的下标位置。

解题思路：使用顺序查找法,从下标为 0 的位置开始进行比较这个值是否等于 26,直到找到 26 之后,输出它的下标位置。如果全部数据元素对比完毕都没有 26,就输出找不到 26 的信息。代码如下：

```
public class FindArray{
    public static void main( String[] args) {
        int arr[]={44,53,26,7,99,0};
        boolean find=false; //找到数字的状态,false 表示未找到
        for( int i=0;i<arr.length;i++) {
            if(arr[i]==26) {
                System.out.println("第一个 26 所在的位置为"+i);
                find=true; //找到了,要把 find 的值改为 true
                break;//找到后就停止寻找
                }
        }
if(find==false) System.out.println("数组中没有 26");
    }
}
```

运行结果如下：

第一个 26 所在的位置为 2

4.从一个数组取出最大值

针对数字型数组的查找，可以采用从数组中找最大值的算法。

▶ **例 3-12**　采用例 3-10 的数组，从中找出最大值。

44　53　26　7　99　0

解题思路：声明一个临时变量 max，用它存储每次两个数字比较后的较大值。首先把数组下标 0 的数赋值给 max，然后从下标 1 位置的数开始往后比较，只要找到比 max 大的数，就把 max 的当前值换了。这样，在把整个数组比较完毕之后，max 里存储的就是这个数组里最大的那个数。代码如下：

```
public class MaxArray {
    public static void main( String[] arr ){
    int[] a={44,53,26,7 ,99,0} ;
    int max=a[0];
    //定义变量记录较大的值,初始化为数组中的第一个元素
    for(int x=1; x <a.length; x ++ ){
    //循环从下标1开始,顺序与max比较
        if(a[x] > max)
            max=a[x];     //如果比max的当前数大,就替换
        System.out.println("数组a里最大的数是:"+max);
    }
}
}
```

运行结果如下：

数组 a 里最大的数是：99

5.对数组元素的直接排序

算法原理：假如数组长度为 n，那么从数组的第一个数组元素（i=0）开始，每次把该数组元素和剩下的 n−i 个数进行比较，把 n−i 次比较中最小的那个数交换到 i 的位置上，那么经过 n−i 次的最小值的插入，就能实现一个升序的排序队列。

▶ **例 3-13**　对一个已知数组中的值使用直接排序法按照从小到大的顺序进行排序。

代码如下：

```
public class SortArray {
    public static void main(String[] args) {
        int arr[]={52,2,17 ,23,11,31 ,98,7 ,4,62} ;
        for( int x=0; x <arr.length−1; x ++ ){
            for( int y=x +1; y <arr.length; y ++ ){
//为什么y的初始化值是x +1?
//因为每一次比较都用x下标上的元素和下一个元素进行比较
                if(arr[x]>arr[y]){
                    int temp=arr[x];
```

```
                    arr[x]=arr[y];
                    arr[y]=temp;
                    }
                }
            }
        }
```

要彻底理解直接排序法,可以从 n—i 趟直接插入过程来进行了解。如表 3-2 所示。

表 3-2   直接排序法示例

趟　数＼初　始＼数据	52	2	17	23	11	31	98	7	4	62	
第一趟:　x=0	2	52	17	23	11	31	98	7	4	62	(9次比较)
第二趟:　x=1	2	4	52	23	11	31	98	11	7	62	(8次比较)
第三趟:　x=2	2	4	7	52	17	31	98	17	11	62	(7次比较)
第四趟:　x=3	2	4	7	11	23	31	98	23	17	62	(6次比较)
第五趟:　x=4	2	4	7	11	52	52	98	31	23	62	(5次比较)
第六趟:　x=5	2	4	7	11	17	23	98	52	31	62	(4次比较)
第七趟:　x=6	2	4	7	11	17	23	31	98	52	62	(3次比较)
第八趟:　x=7	2	4	7	11	17	23	31	52	98	62	(2次比较)
第九趟:　x=8	2	4	7	11	17	23	31	52	62	98	(1次比较)

6.对数组元素的冒泡排序

算法原理:假如数组长度为 n,那么从数组的第一个数组元素开始,每次把该数组的前一个元素和后一个元素进行比较,如果前一个数组元素的值大于后一个,则将两个数组元素的值进行交换,那么经过 n—i 次两两比较后,最后一个数组元素的值就是本次比较出来的最大值(最大值总是像泡泡一样浮出到最上面),剩下的 n—i 个数则重新进行一次这样的两两比较。最终,经过 n—i 次求最大值,数组就完成了排序。

▶ 例 3-14　Java 数组冒泡排序示例。

代码如下:

```
/*
    冒泡排序
*/
public class BubbleSortArray {
public static void main( string[] args){
    int arr[]={52,2,17,23,11,31,98,7,4,62};
    for(int x=0;x<arr.length−1;x++){
```

```
//让每次参与比较的元素值减1,避免下标越界
for(int y=0；y＜arr.length −x−1；y ++){
    if(arr[y]＞arr[y +1]){
        int temp＝arr[y]；
        arr[y]＝arr[y +1]；
        arr[y +1]＝temp；
    }
}
}
}
```

观察冒泡排序法 n−i 趟的比较最大值的过程。如表3-3 所示。

表 3-3　　　　　　　　　　　冒泡排序法示例

趟 数 初 始 数 据		52	2	17	23	11	31	98	7	4	62	
第一趟：	x=0	2	52	23	11	31	52	7	7	62	98	（9次比较）
第二趟：	x=1	2	4	11	23	31	7	4	52	62	98	（8次比较）
第三趟：	x=2	2	4	17	23	7	4	31	52	62	98	（7次比较）
第四趟：	x=3	2	4	17	7	4	23	31	52	62	98	（6次比较）
第五趟：	x=4	2	4	7	4	17	23	31	52	62	98	（5次比较）
第六趟：	x=5	2	4	4	11	17	23	31	52	62	98	（4次比较）
第七趟：	x=6	2	4	7	11	17	23	31	52	62	98	（3次比较）
第八趟：	x=7	2	4	7	11	17	23	31	52	62	98	（2次比较）
第九趟：	x=8	2	4	7	11	17	23	31	52	62	98	（1次比较）

3.4.10　数组的维数

数组的维数指的是数组元素使用索引下标的数量。例如，a[0]、a[1]的索引下标只有一个，则 a[0]、a[1]的维数是 1；而 a[1][1]、a[2][5]由两个索引下标来表示数组元素，它们的维数是 2。

1.一维数组的概念

如果数组中的每个元素都只带有一个下标，则称这样的数组为一维数组。

一维数组中的每个数组元素除了第一个和最后一个数组元素以外，其他每个数组元素都有一个前驱、一个后继。数组元素在逻辑结构上呈一条直线排列。如果把数组元素比作一个人，那么众多一维数组元素就以一行的方式进行座位排列。一维数组中数组元素的逻辑结构示意如图 3-10 所示。

只有行的概念

图 3-10　一维数组中数组元素的逻辑结构示意

一维数组的定义举例：

int a[]＝int [3]；

举例中的数组元素为 a[0]、a[1]、a[2]。

2.二维数组的概念

如果数组中的每个元素都带有两个下标，则称这样的数组为二维数组。

二维数组中的每个数组元素的第一个下标可以看作数组元素所在的行，第二个下标可以看作数组元素所在的列。因此，所有的数组元素都可以看作按照行列排列的数组，就如同教室里桌椅的摆放方式一样。二维数组中数组元素的逻辑结构如图 3-11 所示。

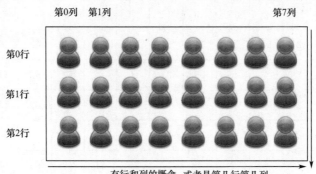

图 3-11　二维数组中数组元素的逻辑结构

二维数组的定义举例：

int a[][]＝int[3][8]；

举例中的数组元素为 a[0][0]、a[0][1]、a[0][2]、…、a[2][7]。

3.三维数组的概念

如果数组中每个元素都带有三个下标，则称这样的数组为三维数组。

在三维数组中，我们可以把数组的第一维看作层、第二维看作行、第三维看作列。于是，数组元素的排列具有了三维空间的概念。如果把数组元素比作一个人，数组元素在数组中的位置就如同这个人在一所大楼上坐在第几层楼、第几行、第几列。三维数组中数组元素的逻辑结构如图 3-12 所示。

3.4.11　二维数组详解

二维数组就是每个数组元素具有两个下标的数组。本质上是以数组作为数组元素的数组，即"数组的数组"。

1.二维数组的赋值

二维数组的每个数组元素都具有两个索引下标。因此，在对二维数组中的每一个数组元素赋值时,必须使用 a[行][列]来对数组元素进行引用,通常按照对行列数据的阅读习惯来引用。

图 3-12 三维数组中数组元素的逻辑结构

▶ 例 3-15   Java 二维数组使用示例。

代码如下:

```
public class TwoDimensionalArray {
    public static void main( String[] args) {
        int a[][]＝int[3][3];
        a[0][0]＝101;
        a[0][1]＝102;
        a[0][2]＝103;
        a[1][0]＝104;
        a[1][1]＝105;
        a[1][2]＝103;
        a[2][0]＝104;
        a[2][1]＝105;
        a[2][2]＝105;
    }
}
```

2.二维数组的初始化

二维数组也可以在创建数组对象时就对数组进行预设值的初始化操作。与一维数组初始化不同,二维数组初始化需要看作 N 个一维数组初始化赋值的集合,采用{{},{},…,{}}的初始化方式,举例如下:

```
int a[][]＝{ {1,2,3},
           {4,5,6},
           {7,8,9} };
```

根据上述代码初始化后,a 数组被定义为 3 行 3 列的二维数组,例如:
int a[][]＝int[3][3];其中,a[0][0]＝1,a[0][1]＝2,a[0][2]＝3,a[1][0]＝4,
a[1][1]＝5,a[1][2]＝6,a[2][0]＝7,a[2][1]＝8,a[2][2]＝9。

3.二维数组的遍历

一维数组元素由于使用一个索引下标,因此运用一个循环就可以轻松遍历数组中的每一个数组元素。二维数组由于有两个维度,每个数组元素都采用两个索引下标,因此二维数组的遍历需要使用内外嵌套的两个循环。根据循环嵌套的运行特点,使用外循环的计数器遍历第一维、内循环的计数器遍历第二维,通过循环嵌套来遍历二维数组。

▶ **例 3-16** Java 二维数组遍历示例。

代码如下:

```
public class ErgodicTwoDimensionalArray {
    public static void main( String[] args) {
    // TODO Auto - generated method stub
    int   a[][]={{1,2,3},{4,5,6},{17,8,9}};

    for(int i=0;i<3;i++){
    for(int j=0;j<3;j++){
        System.out.print(a[i][j]+"");
        }
    System.out.println(); // 每输入一行数组元素,换行
    }
    }
}
```

运行结果如下:

1 2 3

4 5 6

7 8 9

4.二维数组的应用

二维数组在计算机程序中得到了广泛应用。数学中的矩阵计算、生活中的各种平面数据都需要二维数组作为数据的存储结构。

▶ **例 3-17** 求解以下矩阵的和。

$$\begin{bmatrix} 4, & 5 \\ 1, & 0 \end{bmatrix} + \begin{bmatrix} 2, & 7 \\ 4, & 5 \end{bmatrix}$$

代码如下:

```
public class TwoDimensionalArrayUse {
    public static void main( String[] args) {
    // TODO Auto - generated method stub
    int a[][]={{4,5},{1,0}};
    int b[][]={{2,7},{4,5}};
    int sum[][]=new int[2][2];
```

```
        sum[0][0]=a[0][0] + b[0][0];
        sum[0][1]=a[0][1] + b[0][1];
        sum[1][0]=a[1][0] + b[1][0];
        sum[1][1]=a[1][1] + b[1][1];
        for(int i=0;i<2;i++)
    {
            for(int j=0;j<2;j++)
        {
                System.out.print(sum[i][j] +"");
                }
    System.out.println( ) ;
            }
        }
    }
```

运行结果如下：

6 12

5 5

另外，许多平面棋牌类游戏（如五子棋、象棋等）也是使用二维数组来代表棋盘上的网格以及棋子内容的。图 3-13(a)所示是五子棋棋盘，我们可以采用 9×9 的二维数组来代表棋盘并存储黑白棋子。其中，0 代表当前网格还没有下子，1 代表黑棋子，2 代表白棋子。

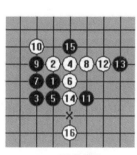

0	0	0	0	0	0	0	0	0
0	0	0	0	0	0	0	0	0
0	0	2	0	1	0	0	0	0
0	0	1	2	2	2	1	0	0
0	0	1	1	2	0	0	0	0
0	0	1	1	2	0	0	0	0
0	0	0	0	0	0	0	0	0
0	0	0	0	2	0	0	0	0
0	0	0	0	0	0	0	0	0

(a)五子棋横盘 　　　　(b)二维数组的存储

图 3-13 五子棋棋盘的二维数组存储方式

思考与练习

❶ 定义了 int arr[10]之后，以下引用数组错误的是（　　　）。

A. a[10]=10 　　　　　　　　　B. a[9]=5 * 2

C. a[9]=a[0]+a[3] 　　　　　　D. a[8]=8

② 引用数组元素时,数组下标可以是(　　)。

　A.整型常量　　　　　　　　　　　B.整型变量

　C.结果为整型的表达式　　　　　　D.以上全对

③ 数组 a 第 3 个元素表示为(　　)。

　A. a[3]　　　　　　B. a(3)　　　　　　C. a{2}　　　　　D. a[2]

④ 下列数组声明,错误的是(　　)。

　A. int[]a　　　　　　B. int a[]　　　　　C. int[][] a　　　　D. int[]a[]

⑤ 下面哪个是创建数组的正确语句(　　)。

　A.float f[][]＝int[6][6];　　　　　　B.float f[]＝float[6];

　C.float f[]＝float[6][6];　　　　　　D.float f＝float[6];

第4章
程序流程控制

本章思政目标

4.1 选择结构程序设计概述

选择结构是结构化程序的三种基本结构之一,其程序设计特点是:根据指定的条件,如果条件成立,就执行一组操作;如果条件不成立,就执行另一组操作。选择结构程序执行的流程示意如图 4-1 所示。

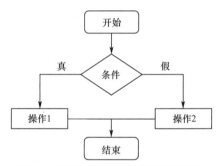

图 4-1 选择结构程序执行的流程示意图

4.2 选择结构条件

从选择结构的定义来看,选择结构的程序会根据指定的条件是否成立来执行不同的分支语句。这里的条件指的是条件表达式。条件表达式是由操作数、比较运算符以及逻辑运算符混合组成的。

4.2.1 关系运算符和表达式

关系运算符是一种二目运算符,用来比较两个操作数之间的关系。由关系运算符及其操作数组成的表达式就称为关系表达式。关系表达式的结果是一个布尔型的值,即为 true 或者 false。

例如,"学生成绩>60"就是一个关系表达式。如果学生成绩为 70 分,则该表达式的值为 true;如果学生成绩为 50 分,则该表达式的值为 false。

 4.2.2 逻辑运算符和表达式

逻辑运算符是用来连接多个关系表达式的,常用的逻辑运算符有 &&、||、!。其中,&& 和 || 是二目运算符,分别代表语言中"并且"和"或者";而! 是一个单目运算符,表示将操作数"取反"。逻辑运算符的操作数必须是布尔型的数据。如表 4-1 所示。

表 4-1 逻辑运算符

运算符	用法	含义	结合方向
&&	A&&B	逻辑与	从左到右
||	A||B	逻辑或	从左到右
!	!A	逻辑非	从左到右

结果为布尔型的变量(或表达式)可以通过逻辑运算符连接形成逻辑表达式。

4.2.3 运算符的优先级

表 4-2 列举了 Java 中常用的关系运算符与逻辑运算符的优先级与结合性。

表 4-2 关系运算符与逻辑运算符的优先级和结合性

优先级顺序	描述	运算符	结合性
1	大小关系运算符	<、<=、>、>=	从左到右
2	相等关系运算符	==、!=	从左到右
3	逻辑与运算	&&	从左到右
4	逻辑或运算	||	从左到右

例如,对于表达式 1 +6>=7&&4 * 2 <9,计算的过程中应按照算术运算符→比较运算符→逻辑运算符的优先级由高到低的顺序。表达式首先计算"1 +6",然后用得到的结果"7"与">=7"进行比较,结果为 true;然后计算"4 * 2",用得到的结果"8"与"<9"进行比较,结果为 true,最后计算逻辑表达式"true&&true",结果为 true。

对于上述表达式,在实际开发过程中,大家不用刻意记忆运算符的优先级,而可以尽量使用()运算符来实现想要的运算顺序。例如,A < B||! C 相当于(A<B)||(! C)。

4.2.4 条件表达式的设计

综合运用关系运算符和逻辑运算符就能设计出满足各种条件的表达式,从而完成选择结构程序设计。

▶ 例 4-1(1) 判断一个数能够同时被 3 和 5 整除。

对于该案例,假设要判断的数字为 data,则只要 data 满足 data%3==0&&data%5=

＝0，即可。

▶ 例 4-1(2)　判断一个年份是否是闰年的条件：①能够被 4 整除且不能被 100 整除；②能整除 400。

对于该案例，假设要判断的年份为 year，则只要 year 满足（year%4==0&&year%100!=0)||(year% 400==0)就可以认为该年份为闰年。

▶ 例 4-1(3)　输入代表年、月、日的三个整数给变量 y、m、d，判断它们组成的日期格式是否正确。对于输入的年、月、日，这些变量需要满足的条件为：①年份大于等于 1900，小于等于 2014；②月份大于等于 1，小于等于 12；③日期大于等于 1，小于等于 31（在本案例中，每月均按 31 天计算）。

对于该案例，根据条件要求，列出的表达式为：

(y >=1900&&y <=2014)&&(m>=1&&m <=12)&&(d>=1&&d <=31)。

▶ 例 4-1(4)　输入代表年、月、日的三个整数给变量 y、m、d，判断它们组成的日期格式是否正确。对于输入的年、月、日，这些变量需要满足的条件为：①年份小于 1900，或者大于 2014；②月份小于 1，或者大于 12；③日期小于 1，或者大于 31（在本案例中，每月均按 31 天计算）。

对于该案例，根据条件要求，列出的表达式为：

(y< 1900||y >2014)||(m<1||m>12)||(d<1||d>31)。

4.3 选择结构及案例

4.3.1 if 选择结构及案例

if 语句是单条件分支语句，即根据一个条件来控制程序执行的流程。

if 语句的语法格式如下：

```
if(条件表达式)
{
    代码块；
}
```

如果条件表达式的结果为 true，就执行 if 后面大括号中的代码块；否则，程序就跳转到 if 语句大括号后面执行代码。

需要注意的是，如果 if 后面大括号中的代码块只有一句代码，则可以省略大括号。但是，为了增强程序的可读性和防止出现习惯性的错误，强烈建议大家不要省略大括号。

▶ 例 4-2　当学生的成绩大于等于 60 分时，输出"及格"字样。

使用 if 语句来具体实现的代码如下：

```
public class IfDemo {
    public static void main(String[] args) {
        int score=70;
        if( score >=60){
    System.out.println("及格");
        }
    }
}
```

 4.3.2 if...else 选择结构及案例

if...else 是单条件分支语句,即根据一个条件来控制程序执行的流程。

if...else 语句的语法格式如下:

```
if(条件表达式){
    代码块 A;
    }
    else{
    代码块 B;
}
```

如果条件表达式的结果为 true,就执行代码块 A;否则,就执行代码块 B。

例 4-3   如果学生的成绩大于等于 60 分,就输出"及格"字样;否则,就输出,"不及格"字样。

使用 if...else 语句来具体实现的代码如下:

```
public class IfDemo{
    public static void main( String[] args) {
    int score=70;
    if( score >=60 ) {
        System.out.println("及格");
    }else {
        System.out.println("不及格");
        }
    }
}
```

 4.3.3 if...else if...else 选择结构及案例

if...else if...else 语句是多条件分支语句,即根据多个条件来控制程序执行的流程。

if...else if...else 语句的语法格式如下：

```
if(条件表达式 1){
代码块 A；
}
else if(条件表达式 2){
代码块 B；
}
...
else {
代码块 C；
}
```

该语法表示，如果程序中的条件表达式 1 结果为 true，就执行代码块 A；如果条件表达式 1 不成立，就验证条件表达式 2，如果条件表达式 2 的结果为 true，就执行代码块 B。类似条件表达式 2 可以嵌套多次，如果条件表达式 2 也不成立，代码就跳入最后的 else 大括号内，执行代码块 C。

▶ 例 4-4　如果学生的成绩大于等于 90 分并且小于等于 100 分，就输出"优秀"字样；如果成绩大于等于 80 分并且小于 90 分，就输出"良好"字样；如果成绩大于等于 60 分并且小于 80 分，就输出"及格"字样；否则，就输出"不及格"字样。

使用 if...else if...else 语句来具体实现的代码如下：

```
public class IfElseIfElseDemo {
    public static void main(String[] args) {
        int score=70；
        if( score >=90&&score <=100 ) {
            System.out.println（"优秀"）；
}
    else if( score >=80&&score <90) {
        System.out.println("良好")；
}

    else if( score >=60&&score <80) {
    System.out.println（"及格"）；
    }
    else {
    System.out.println（"不及格"）；
    }
    }
}
```

4.3.4　if嵌套结构及案例

if嵌套语句也属于多条件分支语句,它可以完成类似 if...else if...else 这样的选择结构语句。

if嵌套语句的语法格式如下:

```
if(条件表达式 1){
        if(条件表达式 1.1){
        代码块 A;
        }
    else if(条件表达式 1.2){
        代码块 B;
        }
        ...
    else {
        代码块 C;
        }
    }
    else if( 条件表达式 2) {
代码块 D;
}
    ...
    else{
    代码块 E;
    }
```

上面的语法表示,程序首先判断条件表达式 1,如果结果为 true,就进入其后的大括号中执行,判断条件表达式 1.1;如果条件表达式 1.1 为 true,就执行代码块 A;依此类推;如果条件表达式 1 的结果为 false,就判断条件表达式 2,如果条件表达式 2 为 true,就执行代码块 D;如果条件表达式 2 为 false,就执行代码块 E。

▷ 例 4-5　对例 4-4 使用 if 嵌套语句来具体实现。

```
public classIfNextDemo{
    public static void main( String[] args) {
    int score=70;
        if(score >=60) {
            if( score <80){
                System.out.println( "及格");
                }
        else if(score <90) {
```

```
            System.out.println("良好");
        }
        else if(score<=100){
            System.out.println("优秀");
        }
    }
    else {
        System.out.println("不及格");
    }
}
```

这段代码同样实现了根据不同成绩输出不同字样的要求,但实现的方式与例 4-4 不同,请大家通过对比分析来理解。

if 嵌套语句另一个典型的应用场景是找出三个数中的最大值。

如果将需要比较的 3 个数分别存于变量 a、b、c,则对它们执行判断的过程示意如图 4-2所示。

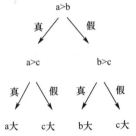

图 4-2　3 个数比较最大值的判断过程示意

代码如下:

```
//先判断两个数,再用大的数和第三个数做比较,采用 if 嵌套语句实现
if(a>b){
    if(a>c){
        System.out.println("最大值是"+a);
    } else{
        System.out.println("最大值是"+c);
    }
}else{
    if(b>c){
        System.out.println("最大值是"+b);
    } else{
    System.out.println("最大值是"+c);
    }
}
```

4.4 循环结构程序设计

目前,所编写程序中的每条语句只有1次执行的机会。然而在程序设计中,经常会碰到需要重复执行一些语句的情况,那么该如何实现呢? Java 提供了循环语句来实现这种功能,循环可使得程序根据一定的条件重复执行一部分语句,直到满足终止条件为止。Java 提供了3种循环语句:for 循环语句、while 循环语句和 do...while 循环语句。

4.4.1 for 循环语句

for 循环也叫作计数循环,一般适用于循环次数确定的情况,如求 1~100 的整数和,重复执行累加操作的语句 100 遍。

for 循环的一般格式为:

```
for(表达式 1;表达式 2;表达式 3)
    循环体
```

执行过程:先计算表达式 1,再判断表达式 2,如果表达式 2 的值为真,则执行循环体,并接着计算表达式 3,然后继续循环;如果表达式 2 的值为假,则结束循环,继续执行 for 语句的下一条语句。其控制流程如图 4-3 所示。

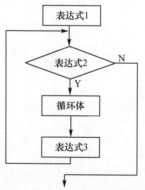

图 4-3 for 循环控制结构执行流程

> 例 4-6 用 for 循环语句求 1~ 100 的整数和。

程序如下:

```
public class TestFor {
    public static void main(String[]  args){
        int i, sum=0 ;
            for(i=1; i<=100; 1++)        //i 的初始值为 1,终值为 100,每次增加 1
                sum=sum+i;               //累加,累加的结果保存在 sum
            System.out.println(sum);     //输出的是 sum,它不是循环体语句
        }
}
```

说明：

（1）上例中，for 循环中的表达式 1 是设定初值，是一个赋值语句，表达式 2 是一个条件表达式，设定循环的结束条件；表达式 3 是一个赋值语句，用来修改循环变量的值。

（2）for 语句执行时，首先执行初始化操作，然后判断终止条件是否满足，如果满足，则执行循环体中的语句，然后修改循环变量。

（3）for 语句中的 3 个表达式，可以省略其中任意一个表达式，也可以省略其中的两个，甚至 3 个表达式。注意，表达式虽然可以省略，但是其中的两个分号在任何情况下不可以省略，否则会出现语法错误。

①省略表达式 1 的情况。此时应在 for 语句之前给循环变量赋初始值。对于例 4-6，相关语句修改为：

```
i=1;                    //先给循环变量 i 赋初始值 1
for(; i<=100; i++)      //省略表达式 1
  sum=sum+i;
```

②省略表达式 2 的情况。如果表达式 2 省略，则无循环终止判定，此时可认为表达式 2 永远为真，循环会一直执行，不会退出，这种情况被称为死循环。在表达式 2 省略的情况下，为避免出现死循环，可用 break 语句跳出循环。

```
for(i=1; ; i++){        //省略表达式 2
    if(i>100) break;    //当 i>100 时，跳出循环
    sum=sum+i;
}
```

③省略表达式 3 的情况。此时，应在循环体内修改循环变量的值。例如：

```
for(i=1; i<=100;){      //省略表达式 3
    sum=sum+i;
    i++;                //增加循环变量的值
}
```

④省略两个表达式的情况。如表达式 1 和表达式 3 都省略，则需综合①、③两种情况，例 4-6 的代码修改如下：

```
i=1;                    //先给循环变量 1 赋初始值 1
for(; i<=100; ){        //省略表达式 1 和表达式 3
    sum=sum+i;
    i++;                //增加循环变量的值
}
```

也可以将 3 个表达式都省略，这种 for 语句不设置初始值，没有循环终止条件，也不修改循环变量，会无终止地执行循环体，可以按照①、②或③做相应处理。

（4）表达式可以是逗号表达式。例如：

```
int sum=0,i,j;
for(i=1,j=100; i<j; i++,j--)
    sum=sum+i+j;
```

这段代码也可以实现求 1+2+...+100 的和。

(5)当循环体的语句不止一条时,应使用复合语句。

(6)循环体可以是空语句。

4.4.2 while 循环语句

用 while 语句可以实现当型循环,它的语法格式为:

```
初始循环变量;
while(条件表达式)
    循环体
```

执行过程:首先初始化循环变量,判断条件表达式的值是否为真,如果为真,则执行循环体;如果为假,则执行循环体后面的语句。这种循环一般使用在不知道循环次数的情况下。

从 while 循环与 for 循环的执行流程看,它们的执行机制实质上是一样的,都是在循环前先做条件的判定,只有条件为真,才进入循环。

例 4-7 求一批学生的平均成绩。

首先将输入的成绩累加,然后再除以学生的人数,算出平均成绩。与例 4-6 相比,本题的难点在于如何确定循环条件。由于题目中没有给出学生的数量,不知道输入数据的个数,所以无法事先确定循环次数。考虑到成绩都是大于 0 的数,可以选用一个负数作为结束标志,因此循环条件(条件表达式)就是输入的成绩 grade>=0。程序如下:

```java
import java.util. * ;
public class Testwhile {
    public static void main(String[] args) {
        double grade, sum=0;
        int n=0;
        Scanner input=new Scanner(System.in) ;
        System.out.println("请输入成绩,负数表示结束");
        grade=input.nextDouble() ;
            while(grade>=0) {
        sum+=grade;       // 累加成绩
        n++ ;             // 统计人数
        grade=input.nextDouble() ;
         }
      if(n>0) System.out.println("平均成绩为"+ sum/n) ;
     }
}
```

输出结果为：

请输入成绩,负数表示结束
   90 78 55 78 68 —11
   平均成绩为 73.8

while 语句先判断是否满足循环条件,只有当 grade>=0 时才执行循环,因此要在进入循环之前先输入第一个数据,如果该数据不是负数,就进入循环累加成绩,然后再输入新的数据,继续循环。

4.4.3 do...while 循环语句

for 语句和 while 语句都是在循环前先判断条件,只有条件满足后才会进入循环,如果一开始循环不满足,则循环一次都不执行。do...while 循环与上述两种循环语句略有不同,它先执行循环体,后判断循环条件。所以,无论循环条件的值如何,至少会执行一次循环体,它是一种典型的直到型循环,语法格式为：

```
do {
循环体
}while(条件表达式);
```

执行过程：首先执行循环体,然后判断条件表达式的值,如果条件表达式的值为真,继续循环,直到条件表达式的值为假,退出循环。

▶ 例 4-8   用 do...while 语句实现例 4-7 的功能。

```
import java.util. * ;
    public class TestDoWhile {
        public static void main(String args[]) {
            double grade, sum=0;
            int n=0;
            Scanner input=new Scanner(System.in) ;
            System.out.println("请输入成绩,负数表示结束");
            grade=input.nextDouble();
            if(grade>=0)
        do{
            sum+=grade;        //累加成绩
            n++;               //统计人数
            grade=input.nextDouble();
    } while(grade>=0) ;
}
if(n>0) System.out.println("平均成绩为"+ sum/n) ;
}
}
```

由此可以看到,对同一个问题,既可以用 while 循环,也可以用 do...while 循环处理。在一般情况下,两种语句所得的结果是相同的。但对本题,如果第一个输入的数据不满足循环条件(grade<0),两者的处理是不一样的,while 循环的循环体不会被执行,而 do...while 循环会累加这个负数并计数一次。针对这种情况,为确保对所有的输入都能正确处理,本段代码在 do...while 语句之前,对第一次输入的数做一个检验,若 grade>=0,则执行 do...while 循环,否则什么都不做。

4.4.4　嵌套循环

Java 允许多个循环语句嵌套使用,即循环体的内部又嵌套一个或多个循环。Java 循环嵌套又叫多重循环,Java 允许多重嵌套,即两重以上的循环嵌套。for 循环可以嵌套 for 循环、while 循环、do...while 循环,反之亦然。要注意的是,嵌套循环不允许交叉,例如:

```
for(;;){
do
{
}while(...)
}
```

是正确的嵌套,而

```
for(;;)
{
    do{
} while(...)
}
```

这种方式是不允许的。

▷ 例 4-9　用选择法将一组数按从小到大排序。

将一组无序的数按照某种顺序重新排列称为排序,如果不加说明一般指从小到大排列(升序)。排序的算法有很多,常见的算法有选择排序法、冒泡排序法等。

选择排序法的基本思想:首先在所有数中选择值最小的数并把它与第一位置的数交换,然后在其余的数中再选择最小的数与第二个数交换,依此类推,直到所有数都排序完成。假设待排序的一组数为{23,4,19,5,8},选择排序的过程如下:

初始状态:	23	4	19	5	8
第 1 趟:	[4]	23	19	5	8
第 2 趟:	[4	5]	19	23	8
第 3 趟:	[4	5	8]	23	19
第 4 趟:	[4	5	8	19]	23

　　从执行过程分析知,n 个数的选择排序需要进行 n-1 趟,每一趟需要从剩余的数中选择一个最小数,从 m 个数中选择一个最小数可以用一个循环实现。显然,选择法排序要做一个两重的嵌套循环。

　　程序如下:

```
public class SelectSort {
    public static void main(String args[]) {
        int a[]={23,4,19,5,8},i,min,k,t,j;
        for(i=0;i<a.length-1;i++) { //外层循环执行 n-1 趟
        min=a[i];
        k=i;
        for(j=i+1;j<a.length;j++)
            if(a[]<min )
            //如果 a[j]<min,修改 min 的值,并保存最小值的位置
            {
            min=a[j];
            k=j;
            }
        if(k!=i) { //如果 k!=i,将当前最小的数交换到第 i 个位置
            t=a[i];
            a[i]=a[k] ;
            a[k]=t;
            }
        }
        for(i=0;i<a.length;i++)              //输出排序后的结果
        System.out.printf("&d",a[i]) ;
        System.out.println() ;
        }
}
```

　　冒泡排序法的基本思想:将相邻的两个数两两进行比较,使小的在前,大的在后。对 n 个数排序,第 1 趟将第 1 个数与第 2 个数比较,如果第 1 个数大于第 2 个数,则将第 1 个数与第 2 个数互换,否则不交换。然后,将第 2 个数与第 3 个数比较,如果第 2 个数大于第 3 个数,则将第 2 个数与第 3 个数互换。如此重复,最后将第 n-1 个数与第 n 个数比较,如果第 n-1 个数大于第 n 个数,则将第 n-1 个数与第 n 个数互换,否则不互换,这样第 1 趟比较 n-1 次以后,第 n 个数中必定是 n 个数中的最大数。

　　第 2 趟将第 1 个数到第 n-1 个数相邻的两个数两两比较,比较 n-2 次以后,第 n-1 个数中必定是剩下的 n-1 个数中最大的,n 个数中第二大的。

　　如此重复,最后进行第 n-1 趟比较,这时将第 1 个数与第 2 个数比较,把第 1 个数与第 2 个数中较大者移入第 2 个数中,第 1 个数是最小的数。

　　假设待排序的一组数为{23,4,19,5,8},选择排序的过程如下:

初始状态：	23	4	19	5	8
第 1 趟：	4	19	5	8	[23]
第 2 趟：	4	5	8	[19	23]
第 3 趟：	4	5	[8	19	23]
第 4 趟：	4	[5	8	19	23]

程序如下：

```
public class BubbleSort {
    public static void main(String args[]){
    int t=0;                        //临时变量
        for(int i=0;i<a.length-1;i++) {
            for(int j=0;j<a.length-1-i;j++) {
                if(a[j]>a[j+1]) {             //将大数与小数互换
                    t=a[j];
                    a[j]=a[j+1];
                    a[j+1]=t;
                }
            }
        }
        for(i=0;i<a.length; i++)      //输出排序后的结果
        System.out.printf("&d",a[i]) ;
        System.out.println() ;
    }
}
```

4.4.5　循环结构程序举例

至此，已经介绍了结构化程序设计的 3 种基本结构：顺序结构、选择结构和循环结构，这些内容是程序设计的基础。特别是循环结构程序设计方法，对培养程序设计能力非常重要，希望读者能熟练掌握。但学习程序设计没有捷径可走，只有多看、多练、多思考，通过不断编程实践，才能真正掌握程序设计的思路和方法。下面再介绍一些应用性较强的例子。

> **例 4-10**　找出矩阵的鞍点。

所谓矩阵的鞍点就是指满足这样条件的矩阵元素：它是所在行上的最大元素，同时是所在列上的最小元素。显然，求鞍点的一个直接方法是检查矩阵中每个元素是否同时为所在行的最大数以及是否是所在列的最小数。

在 Java 中用二维数组处理矩阵。首先，计算出矩阵每行的最大值保存在 r 数组中，计算每列的最小值保存在 c 数组中，然后用一个两重循环，对二维数组 a[][]中的每个元素 a[i][j]与所在行的最大值 r[i]和所在列的最小值 c[j]比较，如果 a[i][j]==r[i]&&

a[i][i]==c[j]成立,说明此元素是鞍点,将满足条件的鞍点信息输出在屏幕上。

程序如下:

```
public class SaddlePointSort{
    public static void main(String[] args) {
    int[][] a=new int[][]{{13,11,17},{4,6,5},{17,8,9}};
    int r[]=new int[3],c[]=new int[3],i,j;
    for(i=0;i<a.length;i++) {
        r[i]=a[i][0];
        for(j=1;j<a[i].length;j++)
        if(a[i][j]>r[i]) r[i]-a[i][j];
    }
    for(i=0;i<a[0].length;i++) {
        c[i]=a[0][i];     //将第 i 列的第一个元素赋给 c[i]
    for(j=1;j<a.length;j++)
        if(a[j][i]<c[i])     c[i]=a[j][i];

    }
    for(i=0;i<a.length;i++)
        for(j=0;j<a[i].length;j++)
        if(a[i][j]==r[i]&& a[i][j]==c[j])
        System.out.println("第"+(i+1)+"行第"+(j+1)+"列是鞍点");
    }
}
```

输出结果为:

第 2 行第 2 列是鞍点

求一组数的最小数的算法有两种:

(1)首先定义一个变量 min 保存最小值,给 min 赋一个不可能取到的较大数,一般是该类型能取到的最大值。然后做一个循环,让 min 依次与数组中每一个数比较,若比 min 小,就用此数将 min 的值替换,循环结束后 min 值即为所求。

(2)首先定义一个变量 min,令 min 等于第一个数的值。然后做一个循环,让 min 依次与数组中剩余的每一个数比较,若比 min 小,就用此数将 min 的值替换,循环结束后 min 值即为所求。

> 例 4-11   求 1+2! +...+100!。

问题可以用数学符号描述为:$sum = \sum_{i=1}^{n} i!$ $(n=100)$。显然这是一个求 n 项的累加和,套用前面求 1+2+...+100 的例子,用一个 100 次循环,每次循环累加 1 项。循环体的表达式是:

$$sum = sum + 第 i 项$$

其中,第 i 项就是 i 的阶乘。而 $i! = 1 \times 2 \times ... \times i$,是一个累乘操作,同样可用一个循

环语句实现。因此,这个问题可用一个两层循环解决,外层循环从 1 循环到 100,每次做一个内层循环求 i 的阶乘,把 i 的阶乘累加到 sum 变量,最后输出 sum 的值即为所求。注意,由于计算的过程中阶乘的值以及累加和都非常大,所以要把相关的变量定义为 double 型。

程序如下:

```
public class TwoLoop
{
public static void main(String[] args)
    {
    int i,j;
    double sum=0, fac;      //置 sum 初始值为 0
        for(i=1;i<=100;i++) {
        fac=1;
        for(j=1;j<=i;j++)      //内层循环重复 1 次,求出 i!
        fac *=j;           //累乘
        sum+=fac;          //把 i! 累加到 sum
        }
        System.out.printf("1! +2! +...+100! = %.6e",sum);
    }
}
```

输出结果为:

1! +2! +...+100! =9.426900e+157

在累加求和的外层 for 语句的循环体语句中,每次计算 i! 的阶乘,都要重新置 fac 的初始值为 1,以保证每次计算阶乘,都是从 1 开始连乘的。

如果把程序中的嵌套循环改写成如下形式:

```
fac=1;
for(i=1;i<=100; i++){
    for(j=1;j<=i;j++)           //内层循环重复 i 次,求出 i!
        fac *=j;               //累乘
    sum+=fac;                  //把 i! 累加到 sum
}
```

由于将 fac=1 放在外层循环之前,除了计算 1! 时 fac 从 1 开始连乘,计算其他阶乘值都是用原 fac 值再乘新的阶乘值。例如 i=1 时,计算出 fac=1;i=2 时,计算出 fac=fac * 1 * 2=2;i=3 时,计算出 fac=fac * 1 * 2 * 3,由于 fac 原值为 2,此时计算出的结果是 12,而不是 3!,依此类推,从 3 以后求得的阶乘值都不正确。出错的原因就是循环初始化语句放错了位置,混淆了外层循环和内层循环的初始化,这是初学者非常容易犯的错误。对嵌套循环初始化时一定要分清内外层循环。如本例中,sum=0 是对外层循环初始化,而 fac=1 是内层循环的初始化,应放在外层循环内,内层循环外。

思考与练习

❶ 下面有关 for 循环的正确描述是（　　　）。

A.for 循环只能用于循环次数已经确定的情况

B.for 循环是先执行循环体语句，后判定表达式

C.在 for 循环中，不能用 break 语句跳出循环体

D.for 循环体语句中，可以包含多条语句，但要用花括号括起来

❷ 对于 for(表达式 1;;表达式 3)可理解为（　　　）。

A.for(表达式 1;1;表达式 3)　　　　B.for(表达式 1；1；表达式 3)

C.for(表达式 1;表达式 1;表达式 3)　　D.for(表达式 1;表达式 3;表达式 3)

❸ 以下正确的描述是（　　　）。

A.continue 语句的作用是结束整个循环的执行

B.只能在循环体内和 switch 语句体内使用 break 语句

C.在循环体内使用 break 语句或 continue 语句的作用相同

D.从多层循环嵌套中退出时，只能使用 goto 语句

❹ C 语言中（　　　）。

A.不能使用 do-while 语句构成的循环

B.do...while 语句构成的循环必须用 break 语句才能退出

C.do...while 语句构成的循环，当 while 语句中的表达式值为非零时结束循环

D.do...while 语句构成的循环，当 while 语句中的表达式值为零时结束循环

❺ C 语言中 while 和 do...while 循环的主要区别是（　　　）。

A.do...while 的循环体至少无条件执行一次

B.while 的循环控制条件比 do...while 的循环控制条件严格

C.do...while 允许从外部转到循环体内

D.do...while 的循环体不能是复合语句

第5章

Java 面向对象编程

本章思政目标

5.1 面向对象程序设计基础

面向对象程序设计(Object Oriented Programming,OOP)是一种先进的程序设计方法,它代表了一种全新的程序设计思路和观察、表述、处理问题的角度,与传统的面向过程的程序设计方法不同,其基本思想是把人们对现实世界的认识过程应用到程序设计中,使现实世界中的事务与程序中的类和对象直接对应。

面向过程的程序设计以具体的解题过程为研究和实现的主体,数据结构和算法是其解题的核心,但随着软件规模和复杂度的不断增加,求解过程的程序设计语言无法将复杂的系统描述清楚,甚至于让程序员感到越来越力不从心。面向对象的程序设计是以求解问题中所涉及的各种对象为主体,力求求解过程贴近人们日常的思维习惯,降低了问题求解的难度和复杂性,大大提升了软件开发的效率和软件的质量,使软件开发和软件维护更加容易,同时也提高了软件的模块化和可重用化的程度。

5.1.1 对象与类的基本概念

对象(Object)是面向对象技术的一个很重要很基本的概念,对象是现实世界中某个具体的物理实体在计算机逻辑中的映射和体现,例如现实世界中的一个人、一辆汽车、一块手表等都是对象。

对象是由一组成员变量(Data)和相关的方法(Method)封装在一起构成的统一体。相对应的现实世界中每个实体都包括两个要素:一个是实体的基本属性(内部构成),另一个是实体的行为(或方法),即对该实体内部构成成分的操作或与外界信息的交换等。例如:一个人的基本属性有性别、年龄、身高、体重等,其行为有成长、吃饭、跑步等;一辆汽车的基本属性有发动机、颜色、轮子等,其行为有启动行驶、刹车等。

类(Class)也是面向对象技术中另一个非常重要的概念,类是创建对象的模板,简单地说,就是首先创建对象的模板一类,再根据这个类来生成具体的对象。

　　把众多事物进行归纳、分类是人类认识客观世界经常采用的思维方法。不同的实体可能有相同的特征,把一类实体的共性抽象出来形成的一个模型就是类。例如:所有的人具有相同的特征,即抽象化构成人类;所有汽车具有相同的特征,即抽象化构成汽车类;也可以进一步将汽车和火车的共同特征抽象化构成陆路交通工具类等。

　　类与对象的关系可理解为:类是封装了一组具有相同属性和方法(或行为)的对象的模板,由类创建的每一个对象都具有相同的属性和方法(或行为)。由类来创建具体对象的过程称为实例化,即类的实例化结果就是对象。例如:"教师"类的抽象特征有姓名、性别、年龄、学位等基本信息,这些称为类的属性,"教师"类可以授课、指导毕业设计、开展科学研究等行为,这些行为称为类的方法,"教师"类与对象"张三"的关系如图 5-1 所示。

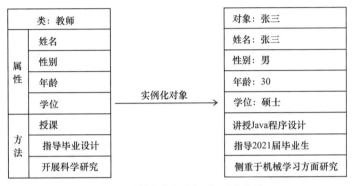

图 5-1 "教师"类和对象"张三"的关系

　　计算机世界和现实世界中类、对象、实体的相互关系和面向对象技术的解题思维方式如图 5-2 所示。

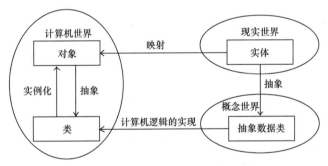

图 5-2 实体、对象和类的关系

　　封装性、多态性、继承性是面向对象程序设计的三个重要特性,具体表现如下。

　　1.封装性

　　封装(Encapsulation)是指将数据和操作数据的方法封装在一起构成一个整体,封装的过程就是构建对象的过程。封装是一种信息隐藏技术,设计者将实现细节隐藏在对象内,只有与数据封装在一起的方法才可以直接操作该数据。使用者只能看到对象封装界面的东西,只能使用设计者提供的消息来访问对象,而不必知道其中的实现细节。封装的目的是将对象的设计者和对象的使用者完全分开。

　　2.多态性

　　多态(Polymorphism)是指一个类中不同的方法具有相同的名字。即为同一个方法根据需要定义几个版本,运行时调用者只需使用同一个方法名,系统会根据不同情况,调用相应的不同方法,从而实现不同的功能。多态性即"一个名字,多个方法"。多态有两种情况:一是在同一个类中定义多个相同名字的不同方法实现重载;二是子类对父类方法的重新改写实现重写。

3.继承性

继承(Inheritance)是存在于面向对象程序设计中的两个类之间的一种关系,类似现实世界的"继承"特性。如果在软件开发中已有一个名为 Class_A 的类,又想创建一个名为 Class_B 的类,且 Class_B 只是在 Class_A 的基础上增加一些数据或操作数据的方法,显然不必从头设计 Class_B 类,只需创建具有继承关系的 Class_B。被继承的类称为父类或超类,如 Class_A;继承了父类(超类)数据和方法的类称为子类,如 Class_B。继承的主要优点是大大减少编程和维护的工作量,提高软件开发的效率。

5.1.2　面向对象程序设计的优势

面向对象程序设计的优势主要表现在:

(1)接近人类习惯的思维方式;

(2)可重用性好,可采用大量可重用的类库,提高了开发效率,缩短了开发周期,降低了开发成本;

(3)可扩展性好,可通过快速原型搭建框架,再根据用户业务扩展需要,很方便、容易地进行扩充和修改,大大降低了维护的工作量和开销;

(4)可管理性好,通过类作为构建系统的部件,提高了程序的标准化程度,更适合于大型软件开发。以上只是粗略地介绍了面向对象程序设计中对象和类的基本概念,以及面向对象程序设计的主要特性和优势,接下来将详细介绍 Java 类和对象的设计方法。

5.2　类与对象

Java 是面向对象的编程语言,类和对象是 Java 编程的基础。类用于描述多个对象的共同特征,是创建对象的模板;对象用于描述现实中的个体,是类的实例。下面来介绍如何定义类并使用自定义类创建对象。

5.2.1　类的定义

类封装了一组属性和方法,是组成 Java 程序的基本单位。类定义的语法格式为:

```
[类修饰符]    class 类名[extends 父类名][implements 接口名序列]{
    //类体
}
```

其中第一行大括号之前的部分称为类声明,用来说明类的名字及特性;后面大括号括起来的部分称为类体,定义了类的组成元素。

1.关于类声明

以下是两个类声明的例子:

```
class Person {
……
}


public class Circle {
...
}
```

"class"是用来定义类的关键字,后面的"Person"和"Circle"是类名,类名应是合法的 Java 标识符。习惯上,类名应首字母大写且有明确的含义,当类名由几个单词复合而成时,每个单词的首字母都要大写,如"Person""Circle""HelloWorld""ArrayIndexOut-OfBoundsException"。

"class Circle"前的"public"是类的访问控制修饰符,说明类是公有的,可以在任意位置使用,而没有"public"修饰的类 Person 只能在它所在的包内被访问;类还可以用 final(最终的)、abstract(抽象的)等特征说明符来说明类的其他特征。

在类名后还有可选内容用来限定类的一些其他特性,如"extends 父类"表示继承了哪个父类,"implements 接口"则表示实现了哪些接口。

2.关于类体

类体是包含在两个大括号之间的部分,类体中可以定义成员变量、成员方法,其中成员变量用来描述对象的静态特征,也被称作属性;成员方法用于描述对象的行为,简称方法。如下面的 Person 类,类体中定义了两个成员变量 name 和 age,以及一个成员方法 introduce()。

```
class Person {
//成员变量
    String name="Tom";
    int age;
//成员方法
    public void introduce(){
        System.out.println("大家好,我叫"+name+",今年"+age+"岁了～");
    }
}
```

类的成员变量类型可以是任意数据类型,包括基本数据类型和引用型;成员变量可以在声明时赋值,也可以不赋值,如成员变量"name"被赋值为"Tom";成员方法的返回值类型可以是任意类型,没有任何限制,如果没有返回值,应加 void 声明;成员方法的参数可以是 0个或 n 个,类型可以是任意类型;成员方法可以重载,即一个类中可以定义多个同名但参数

антиcor !

不同的方法。如下面的两个 introduce()方法构成重载。

```
//成员方法
public void introduce(){
    System.out.println("大家好,我叫"+name+",今年"+age+"岁了~");
}

    public void introduce(String str){
        System.out.println("大家好~这是我的问候语:"+str);
}
```

需要注意的是,类的成员变量不同于局部变量。成员变量是定义在类体中的变量,而局部变量是方法中定义的变量或方法的参数。两者的性质有很大不同:

(1)成员变量在整个类内有效,而局部变量只在定义它的方法内有效。

如下面程序中的成员变量"radius",在整个类体内都可以使用;而局部变量"area"只在getArea()方法内有效,在方法 f()中已失效。

```
class Circle{
    int radius=10; //成员变量
    double getArea(){
        double area=3.14 * radius * radius; //合法,radius 在整个类内有效
        return area;
    }
    void f(){
    System.out.println(area); //非法,因为局部变量 area 已失效
    }
}
```

(2)局部变量必须先初始化才能使用,而成员变量可以直接使用。

成员变量如果没有赋初值,将被初始化为它所属数据类型的默认值;而局部变量如果没有赋值,使用时将出错。如下面类 A 中的成员变量 id,将被初始化为 0;而主方法中的局部变量 x 因为没有被赋值,输出时将出错。

```
public class A {
int id;    //成员变量
public static void main(String args[]){
int   x;    //局部变量
A a=new A();
System.out.println(x);   //出错,局部变量必须先初始化才能使用
}
}
```

(3)如果局部变量与成员变量同名,则在方法中通过变量名访问到的将是局部变量,而

不是成员变量,成员变量被隐藏。如下面程序中输出的 age 是局部变量 age,值为 20。

```
class Person {
    int age＝18;    //成员变量
    public void introduce(){
        int age＝20;    //方法内定义的局部变量
            System.out.println("大家好,我今年"＋age＋"岁了～");
    }
}
```

如果想在方法中使用被隐藏的成员变量,可以使用 this.age。

5.2.2 对象的创建与使用

使用 new 关键字创建对象,基本格式:

类名 对象名＝new 类名();

例如,创建 Person 类对象 p 的语句:

Person p＝new Person( );

Person p 声明了一个 Person 类型的引用变量 p,引用变量属于 Java 中的简单类型变量,与基本数据类型变量一样,存在于栈内存区中,在定义它的代码块内有效;new Person()用于分配堆内存空间,创建出 Person 类对象实例,对象存在于堆内存区中,由垃圾回收机制管理;"＝"相当于将该内存空间地址(引用)赋值给引用变量 p。很多时候,会将引用变量 p 所引用的对象实例简称为 p 对象。对象的内存状态如图 5-3 所示。

创建对象后,通过引用变量及"."运算符来访问对象的成员。请看下面的例 5-3。

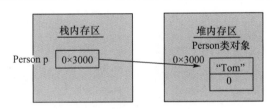

图 5-3　对象的内存状态图

例 5-1　类和对象的使用。

```
class Person {
    //成员变量
    String name＝"Tom";
    int age;
    //成员方法
    public void introduce(){
        System.out.println("大家好,我叫"＋name＋",今年"＋age＋"岁了～");
```

```
    }
  }
public class Ex5_1{
    public static void main(String[]  args){
        Person p1＝new Person();    //声明并创建对象 p1
        Person p2＝new Person( );
        p2.name＝"Wang";      //引用对象 p2 的成员变量 name
        p2.age＝20；
        p2.introduce( );        //引用对象 p2 的成员方法 introduce( )
        p1.introduce();
    }
}
```

运行结果如图 5-4 所示。

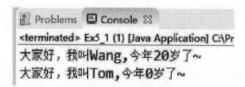

图 5-4 例 5-1 运行结果

　　程序中,对象 p1、p2 在内存中的状态如图 5-5 所示。两个对象实例在堆内存中独立存在,分别拥有各自的属性,一个对象属性值的改变并不会影响其他对象。如:p1、p2 对象的 name 属性的初始值都是"Tom",age 默认值是 0;在程序中,使用 p2.name＝"Wang";p2.age ＝20 将 p2 对象的 name 和 age 属性进行修改,这种修改不会影响 p1。

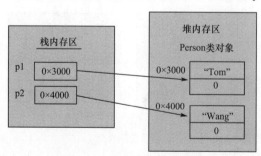

图 5-5 对象 p1、p2 在内存中的状态

关于对象的使用,需要注意:

(1)对象必须先创建、后使用,否则会发生空指针异常(NullPointerException)。

(2)当对象没有任何变量引用时,将成为垃圾对象,不能再被使用。分析下面的程序段:

```
Person p＝new Person();
    p.age＝18;
    p＝null;
    p.introduce();        //空指针异常
```

上面程序段中对象的内存状态变化如图 5-6 所示。

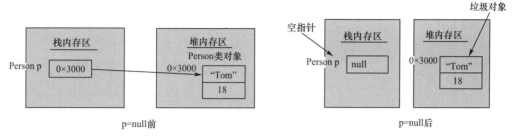

图 5-6　空指针与垃圾对象示意图

5.2.3　类的封装

请看下面的程序段：

```
public class TestPerson {
    public static void main(String[] args){
        Person p=new Person();
        p.age=-10;          //对象 p 的年龄赋值为负
        p.introduce();
    }
}
```

主方法中，将年龄 age 赋值为-10，在程序中不会有任何问题，但从逻辑合理性上看，显然是不合适的。为了防止出现这种不合理现象，需要对成员变量的可访问性进行控制，实现类的封装。

所谓类的封装是指在定义类时，将类中的属性私有化，即用 private 修饰，然后提供 public 修饰的公有 get()方法和 set()方法操作私有属性。良好的类封装可以保证类设计的科学合理。

▶ 例 5-2　实现封装的 Person 类的使用。

```
//Ex5_2.java
class Person{
//成员变量——私有化
private String name="Tom";
private int age;
//成员方法——公有化
public String getName(){
return name;
}
public void setName( String name){
this.name=name;
```

```
    }
    public int getAge( ){
        return age;
    }
    public void setAge(int a){
    //对年龄参数进行合理性检查,确保年龄非负
    if(a<0){
        System.out.println("年龄值不能为负数!");
    }else{
        age=a;
      }
    }
    public void introduce(){
    System.out.println("大家好,我叫"+name+",今年"+age+"岁了~");
      }
    }
    public class Ex5_2{
        public static void main(String[]   args){
            Person p=new Person( );
    //p.age=-10;
    //此调用出错,不允许对私有属性赋值
    p.setAge(-10);
    //通过方法为属性赋值,保证赋值合法性
    p.introduce( );
      }
    }
```

运行结果如图 5-7 所示。

图 5-7　例 5-2 运行结果

　　在程序中,对 Person 的属性 age 进行了私有化封装,只能在类内部访问它。所以在 Person 类外部的主方法中如果直接对 age 赋值(如 p.age=-10;)将不被允许,只能通过调用成员方法 p.setAge(-10);对成员变量 age 赋值,而在 setAge(int a)方法中对参数 a 进行了判断,由于传入的值小于 0,因此会输出"年龄值不能为负数!",age 属性没有被赋值,仍为初始值 0。

5.3 封 装

封装是一种把代码和代码所操作的数据捆绑在一起,使这两者不受外界干扰和误用的机制。封装可被理解为一种用作保护的包装器,以防止代码和数据被包装器外部所定义的其他代码任意访问。对包装器内部代码与数据的访问通过一个明确定义的接口来控制。封装代码的好处是每个人都知道怎样调用代码中的方法和属性,进而不需要考虑实现细节就能直接使用它,同时不用担心不可预料的副作用。

在 Java 中,最基本的封装单元是类,一个类定义一组对象所共享的行为(数据和代码),类的内部有隐藏实现复杂性的机制。所以 Java 中提供了私有和公有的访问模式,类的公有接口代表外部的用户应该知道或可以知道的每件东西。私有的方法数据只能通过该类的成员代码来访问,这就可以确保外部的用户不会访问到私有的方法和数据。

5.3.1 访问修饰符

封装对象,并非是将整个对象完全包裹起来,而是根据具体的需要,设置使用者访问的权限。

在 Java 中,针对类的每个成员变量和方法都有访问权限的控制。Java 支持四种用于成员变量和方法的访问级别:private、protected、public 和包访问控制。这种访问权限控制实现了一定范围内的隐藏。表 5-1 列出了不同范围的访问权限。

表 5-1 类成员访问权限作用范围

	同一个类中	同一个包中	不同包中的子类	不同包中的非子类
private	√	×	×	×
default	√	√	×	×
protected	√	√	√	×
public	√	√	√	√

注:表中"√"表示可以访问,"×"表示不可以访问

(1)private

类中限定为 private 的成员变量和成员方法只能被这个类本身的方法访问,它不能在类外通过名字来访问。private 的访问权限有助于对客户隐藏类的实现细节,减少错误,提高程序的可修改性。

建议把一个类中所有的实例变量设为 private,必要时,用 public 方法设定或读取实例变量的值。类中的一些辅助方法也可以设为 private 访问权限,因为这些方法没有必要让外界知道,对它们的修改也不会影响程序的其他部分。这样类的编程人员就可以就如何操纵类的数据加以控制。

另外,对于构造方法,也可以限定它为 private。如果一个类的构造方法声明为 private,则其他类不能通过构造方法生成该类的一个对象,但可以通过该类中一个可以访问的方法

间接地生成一个对象实例。

（2）default

实际上并没有一个称为 default 的访问权限修饰符，如果在成员变量和成员方法前不加任何访问权限修饰符，就称为 default，也称为包访问控制。这样同一包内的其他所有类都能访问该成员，但对包外的所有类就不能访问。default 允许将相关的类都组合到一个包里，使它们相互间方便进行沟通。

（3）protected

类中限定为 protected 的成员可以被这个类本身、它的子类（包括同一包中的和不同包中的子类）以及同一包中所有其他的类访问。如果一个类有子类，而不管子类是否与自己在同一包中，都想让子类能够访问自己的某些成员，就可以将这些成员用 protected 修饰符加以声明。

（4）public

类中声明为 public 的成员可以被所有的类访问。public 的主要用途是让类的客户了解类提供的服务，即类的公共接口，而不必关心类是如何完成其任务的。将类的实例变量声明为 private，并将类中对应该变量的访问器的方法声明为 public，就可以方便程序的调试，因为这样可以使数据操作方面的问题局限在类的方法中。

访问权限开放程度的顺序可表示如下：

public ＞ protected＞（default）＞ private

可以看出，public 的开放性最大，其次是 protected、default，private 的开放性最小。

▷ 例 5-3　设计不同访问权限的方法，并在 main（）方法中调用，体会方法的开放程度。

```
class ClassA{
    private void run1(){ }
}
class ClassB{
    public void fun1()
    {
        System.out.println("调用 public 方法");
    }

    protected void fun2( )
    {
        System.out.println("调用 protected 方法");
    }

    void fun3( )
```

```
    {
        System.out.println("调用 default 方法");
    }


public class ClassC extends ClassB{
public static void main(String args[])
    {
        ClassC test＝new ClassC();
        test.fun1();
        test.fun2();
        test.fun3() ;
    };
}
```

运行结果如图 5-8 所示。

图 5-8　例 5-3 运行结果

在例 5-3 类 ClassA 的定义中,成员方法 run1()是 private 的,因此 ClassA 类的外部调用者无法调用它们,但请注意 ClassA 类内部的方法却完全可以调用它们。public 方法 fun1()是任何外部的调用者都可以访问的。protected 方法 fun2(),在子类 ClassC 中是可以访问的。在我们定义类 ClassA、ClassB、ClassC 的时候,没有选择所属包,所以这三个类就都属于系统默认包(default package)。方法 fun3()前没有加修饰符,是包访问控制,同一包内的其他所有类都能访问该成员,但对包外的所有类就不能访问。通过这样分层次的封装,就可以充分保证对象的重用性和安全性。

那么对于定义一个类而言,如何确定该类中成员属性和成员方法的访问权限呢? 这要根据实际的需求来看。在设计程序的时候,除了要考虑识别对象,还要充分考虑该对象的封装。类对象内的字段、属性和方法,包括类本身,哪些应该暴露在外,哪些应该被隐藏,都需要根据实际的需求,给予正确的设计。

5.3.2　setter 和 getter

前面提到,一个类的成员变量一旦被定义为 private,就不能被其他类访问,那么外部如何实现对这些成员变量的操纵呢?一个好的办法就是为 private 成员变量提供一个公有的访问方法,外界通过公有的方法来间接访问它。Java 提供访问器方法,即 getter 和 setter 方法,通过访问器方法,其他对象可以读取和设置 private 成员变量的值。这样做的好处是

private 成员变量可以得到保护,防止错误的操作,因为在访问器方法中可以判断操作是否合法。

(1)getter 方法:读取对象的属性值,只是简单地返回。语法格式为

Public　AttributeType　getAttributeName( ){ }

其中,AttributeName 是读取成员变量的名字,首字母要大写,方法没有参数,返回类型和被读取成员变量的类型一致。

(3)setter 方法:设置对象的属性值,可以增加一些检查的措施。语法格式为

public void setAttributeName(AttributeType parameterName){}

其中,AttributeName 是设置成员变量的名字,首字母要大写,方法参数类型与要设置的成员变量的类型一致,方法没有返回值。

▶ 例 5-4　创建员工类 Employee,身份证号码属于隐私,设置为 private;姓名公开,设置为 public。

```java
public class Employee
{
    private long ID_number;              //身份证号码
    public String name;                  //姓名
    public void setID( long ID_number)
    {
        this.ID_number=ID_number;
    }
    public int getID()
    {
        Return ID_number;
    }
}

public static void main(String[] args)
{
    Employee employeeA=new Employee();    //对员工进行实例化
    employeeA.name="小明";               //对公有 name 属性进行赋值
    //通过 setter 方法进行赋值
    employeeA.setID( 000000201701040000L);
    //通过 getter 方法拿到 setter 方法所赋予属性的值,通过输出语句输出
    System.out.println("我的身份证号是"+ employeeA.getID( ) +",我叫"+ employeeA.name);
}
```

程序运行如下:

我的身份证号是 000000201701040000,我叫小明

在例 5-4 中,当 Employee 类的成员属性 ID_number 的访问控制权限设置为 private

后,就不能在类外部通过 employeeA.ID_number＝000000201701040000L 这样的方式来对 employeeA 对象的 ID_number 属性赋值了,只能被类内部的 public 访问权限的 setID()方法设置,从而就避免了身份证号码被任意修改的情况。从本例中可以看到,每一个 private 成员变量都有一对 getter＊＊和 setter＊＊方法,在 getter＊＊和 setter＊＊方法中还可以对变量值进行了验证,如果不符合要求则拒绝修改,从而有效地保护了数据。我们把这类方法称为类的访问器方法。

```
//通过在 setter 方法里对值进行限制
public void setage( int age) {
    if(age＜0 ){
            this.age＝0;
            }
        else
            this.age＝age;
}
//通过在 getter 方法里对值进行限制
public int getage(){
    if(this.age＜0 ){
        this.age＝0;
            }
return this.age;
}
```

5.4 继承与多态

5.4.1 继承的实现

继承是面向对象的最显著的一个特征之一,继承是在一个现有类的基础上派生出一个新的类,新的类能吸收已有类的数据属性和行为,并能对其进行扩展,现有的类型称之为父类或基类,派生出来的类称之为子类或派生类。例如,在图 5-9 中,人类(Person)是父类,教师类(Teacher)和学生类(Student)为子类。继承描述的是一种"is a"的关系,即子类是父类的特例。

Java 中使用 extends 关键字来实现继承关系,extends 关键字的意思为扩展,其实扩展能更好地描述继承的所属关系,子类是对父类的扩展,子类是一种特殊的父类。实现继承的基本格式为:

```
[类修饰符]class ＜ 子类名＞ extends ＜父类名＞{
    //成员变量
    //成员方法
    }
```

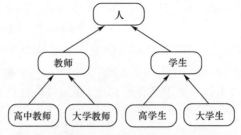

图 5-9　人类继承关系图

只有存在一个父类的时候才能够有继承关系的出现,所以在代码设计时,必须先定义一个父类,然后才能通过 extends 关键字定义一个子类,在子类中可以定义自己的成员变量和成员方法,这个跟普通类的定义是类似的。下面通过例 5-5 介绍子类如何继承父类。

▶ 例 5-5　类的继承。

```java
// Ex5_5.java

public class Ex5_5 {
    public static void main(String[]    args){
        Teacher teacher = new Teacher( );
        teacher.name = "张三";
        teacher.printlname( );
        teacher.work( );
    }
}
// 定义 Person 类
class Person {
    String name;
    void work(){
        System.out.println("工作!");
    }

    // 定义 Teacher 类继承 Person 类
    class Teacher extends Person {
        void printlname(){
            System.out.println("教师姓名:" + name);
        }
    }
}
```

例 5-5 中,Teacher 类通过 extends 关键字继承 Person 类,Teacher 类是 Person 类的子类。父类中定义了 name 变量和 work()方法,子类对父类进行了扩展添加了自己的printlname()方法,虽然子类中没有定义 name 属性和 work()方法,但是却可以访问这两个成员。这就说明,子类继承父类,会自动拥有父类的成员,这也跟之前分析的继承的特点是一致的。

Java 的继承有其独有的特点,这与其他编程语言是有区别的,Java 中的继承具有以下 3 个特点。

(1)Java 的继承是单继承

单继承是指一个子类只能直接继承一个父类,所谓的直接继承是指在 extends 关键字之后只能有一个直接的父类。例如,下面情况是不合法的。

```
class A{}
class B{}
class C extends A,B{}        //C 类不能同时继承 A 类和 B 类
```

单继承限定了一个类的父类只能有一个,但是多个类可以继承一个父类,即一个类可以有多个子类,其子类又可以有子类,就像树形结构一样。如下面的情况是合法的。

```
class A{}
class B extends A{}
class C extends A            //类 B、C 都是 A 类的子类
```

(2) Java 的继承具有传递性

例如,C 类继承 B 类,B 类继承 A 类,按照关系,C 类是 B 类的子类,B 类是 A 类的子类。同时,C 类也继承了 A 类的属性与方法,也是 A 类的子类。如下面情况是允许的。

```
class A{}
class B extends A{}          //B 类继承 A 类,B 类是 A 类的子类
class C extends B{}          //C 类继承 B 类,C 类是 B 类的子类,同时也是 A 类的子类
```

继承的传递性能很好地描述现实生活中事物的所属关系,例如,教师是人类,大学教师又是教师的一种,大学教师也是人类。

(3)所有类都直接或者间接继承 Object 类

跟树形结构相似,一个树形结构总有一个祖先节点,Java 中的 Object 类是所有类的祖先,所有 Java 类都从 Object 派生而来。在 Java 中,Object 类是唯一一个没有父类的类。

5.4.2 方法的重写

在继承关系中,子类继承父类,子类是一个特殊的父类,子类会自动继承父类定义的变量、方法,在进行扩展时,大多数情况下,子类是在父类的基础上添加一些自己的变量、方法,但有些时候子类需要对继承来的方法进行一些修改,即对父类的方法进行重写。需要注意的是,子类重写父类中的方法时,子类中重写的方法要与父类中被重写的方法具有相同的方法名称、参数列表和返回值类型。

另外,子类也可以定义和父类同名的成员变量,此时子类对象中将隐藏父类同名的成员变量,与重写不同的是,这种隐藏不是物理意义上的覆盖。

▷ 例 5-6　　方法重写。

```
    // Ex5_6.java
public class Ex5_6 {
    public static void main(String[]   args){
    Teacher teacher＝new Teacher();
    teacher.printlname();
    teacher.work( );
    }
}


class Person {
    String name＝"人";
    void work(){
        System.out.println("工作!");
    }
}


class Teacher extends Person {
    String name＝"教师";
    //子类中可以定义与父类相同名字的成员变量
    void printlname(){
    System.out.println("教师姓名:"＋name);
    }
    //重写父类的 work()方法
    void work(){
    System.out.println("教书!");
    }
}
```

运行结果如图 5-10 所示。

Console ✕

＜terminated＞ Ex5_6 [Java Application]

教师姓名：教师

教书！

图 5-10　例 4-2 运行结果

在例 5-6 中,定义了 Teacher 类并继承了 Person 类。在子类 Teacher 类中定义了 work()
方法,它重写了父类的方法,同时,子类中定义了一个与父类名称相同的成员变量 name 。
从运行结果中可以看出,在调用 Teacher 类对象的 work()方法时,会调用子类重写之后的方法,父类的方法被覆盖了。另外,在访问 name 属性时,访问的是子类的 name 成员变量,父类中的 name 属性被隐藏了。

需要注意的是,子类重写父类方法,重写方法不能使用比被重写方法更严格的访问权限,如父类中的方法是 public 的,子类的方法就不能使用 private 修饰。

5.4.3　对象的类型转换

在 Java 程序设计中,对象的类型转换分为向上转型和向下转型,类型的转换是在继承的基础上的。

根据以前学的知识,在实例化一个对象时,通常将该类的一个引用"指向"实例化的对象。在 Java 中,允许将一个父类的引用"指向"子类的对象,这种子类的对象可以当作父类的对象来使用,称作"向上转型(upcasting)"。

向上转型是肯定安全的,因为这是将一个更特殊的类型转换成一个更常规的类型。当存在向上转型时,可以使用 instanceof 运算符来判断该引用型变量所"指向"的对象是否属于该类或该类的子类,如果是,结果为 true,否则为 false。

向上转型时,父类引用"指向"子类对象会遗失除与父类对象共有的其他成员,也就是在转型过程中,只保留了父类定义的成员变量和成员方法,子类新增加的成员变量和成员方法都会遗失,父类的引用不能够调用子类新增的成员,如果使用会出现编译错误。

> 例 5-7　向上转型及 instanceof 运算符使用。

```
//Ex5_7 java
public class Ex5_7 {
    public static void main(String[]  args){
        Person p=new Person("张三");
        Teacher t=new Teacher("李四","讲师");
        Student s=new Student("王五","软件");
        System.out.println(p instanceof Person);
        //p指向的是 Person 类的对象,true
        System.out.println(t instanceof Person);
        //t指向的是 Person 子类的对象,true
        System.out.println(s instanceof Person);
        //s指向的是 Person 子类的对象,true
         System.out.println(p instanceof Teacher); //p指向的不是 Teacher 或其子类对象 false
        //向上转型
        Person p2=new Teacher("孙六","讲师"); //父类引用 p2 指向子类的对象
        //可以访问父类的成员
        p2.work();
```

```
        //不能够访问子类添加的成员,否则会出现编译错误
    //  p2.showTitle();      }
}

    //定义 Person 类
class Person
{
    String name;
    Person(String name){
        this.name=name;
    void work(){
        System.out.println("工作!");
    }
}


//定义 Person 类的子类 Teacher 类

class Teacher extends Person
{
    String title;
    Teacher(String name, String title){
        super(name);
        this.title=title;
    }
void showTitle(){
    System.out.println("教师职称:"title);
    }
}
//定义 Person 类的子类 Student 类
class Student extends Person
{
    String major;
    Student(String name, String major){
        super(name);
        this.major=major;
    }
    void showMajor(){
        System.out.println("学生专业:"+major);
    }
}
```

程序的运行结果如图 5-11 所示。

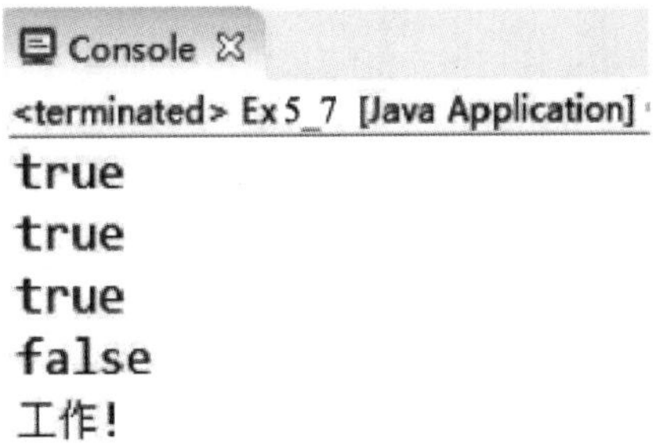
Console
<terminated> Ex5_7 [Java Application]
true
true
true
false
工作!

图 5-11 例 5-7 运行结果

```
Teacher t2=(Teacher)p2 ;
```

向下转型是不安全的,不是所有情况的向下转型都可以实现,向下转型时,如果父类引用的对象是指向的子类对象,那么在向下转型的过程中是安全的(如上面例子中 p2 本身是指向 Teacher 类的对象的,所以向下转型是合法的),也就是编译是不会出错误的。如果将例 5-7 的主函数改成如下代码则会出现如图 5-12 所示的编译错误。

```
public static void main(String[]  args)
{
    Person p2=new Person("赵七");
    Student t2=(Student)p2;//编译出错
}
```

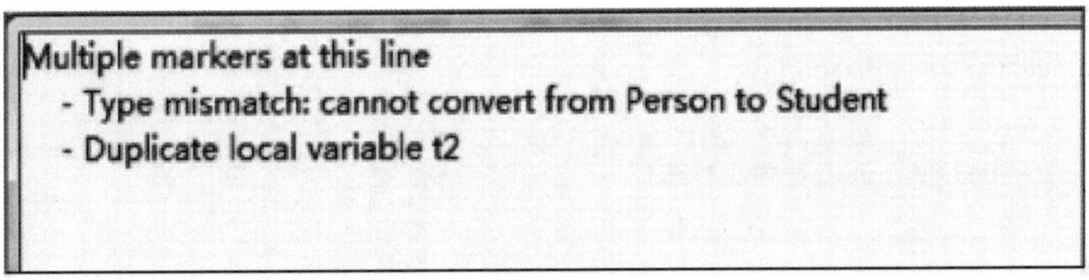
Multiple markers at this line
- Type mismatch: cannot convert from Person to Student
- Duplicate local variable t2

图 5-12 编译错误提示

5.4.4 多态性的实现

所谓多态,就是指程序中定义的引用变量所指向的具体类型和通过该引用变量发出的方法调用在编程时并不确定,而是在程序运行期间才确定,即一个引用变量到底会指向哪个类的实例对象,该引用变量发出的方法调用到底是哪个类中实现的方法,必须在程序运行期间才能决定,这就是多态性。

其实,Java 的引用变量有两个类型:一个是编译时类型,一个是运行时类型。编译时类型由声明该变量时使用的类型决定,运行时类型由实际赋给该变量的对象决定。如果编译时类型和运行时类型不一样,就可能出现所谓的多态。

▶ 例 5-8   多态的实现。

```java
// Ex5_8.java
public class Ex5_8 {
    public static void main(String[]   args){
        Person p1＝new Teacher();    //父类引用指向子类对象
        p1.work( );
        Person p2＝new Student();  //父类引用指向子类对象
        p2.work();
    }
}
class Person {
        String   name;
        void work(){
            System.out.println("工作!");
        }
}



class Teacher extends Person{
    void work(){
        System.out.println("教师授课!");
    }
}
class Student extends Person {
    void work( ){
        System.out.println("学生听课!");
    }
}
```

运行结果如图 5-13 所示。

图 5-13 例 5-8 运行结果

在主函数中,同样是调用 Person 引用的 work()方法,但是由于传入的子类对象的不同,程序的输出结果是不同的,当传入的是 Teacher 类对象,则调用 Teacher 类重写的 work()方法,当传入 Student 类对象,则调用的是 Student

类重写的 work()方法。另外,变量 p1 和 p2 在编译时的类重写的 work()方法。另外,变量 p1 和 p2 在编译时的类型是 Person 类型,在运行时则分别是 Teacher 类和 Student 类,work()方法时,实际执行的是子类的 work()方法,这就出现了多态。

多态不但解决了方法同名的问题,而且使程序变得更加灵活,从而有效地提高了程序的可扩展性。多态是 Java 程序设计中经常用到的技术,多态的出现让程序具有更好的可替换性、可扩展性、接口性和灵活性。多态必须具备 3 个必要条件,分别是:

(1)要有继承。

(2)要有重写。

(3)父类引用指向子类对象(向上转型)。

5.5 抽象类

在定义类时,并不是所有的类都能够完整地描述该类的行为。在某些情况下,只知道应该包含怎样的方法,但无法准确地知道如何实现这些方法时,可以使用抽象类。

5.5.1 抽象类的定义

抽象类是对问题领域进行分析后得出的抽象概念,是对一批看上去不同,但是本质上相同的具体概念的抽象。例如,定义一个动物类 Animal,该类提供一个行动方法 action(),但不同的动物的行动方式是不一样的,如牛羊是跑的,鱼儿是游的,鸟儿是飞的,此时就可以将 Animal 类定义成抽象类,该类既能包含 action()方法,又不需要提供其方法的具体实现。这种只有方法头,没有方法体的方法称为抽象方法。

定义抽象方法只需在普通方法上增加 abstract 修饰符,并把普通方法的方法体全部去掉,并在方法后增加分号即可。

抽象类和抽象方法必须使用"abstract"关键字来修饰,其语法格式如下:

```
[访问符]abstract class 类名 {
        [访问符]abstract <返回值类型> 方法名([参数列表]);
        …
    }
```

有抽象方法的类只能被定义为抽象类,但抽象类中可以没有抽象方法。定义抽象类和抽象方法的规则如下:

(1)abstract 关键字放在 class 前,指明该类是抽象类。

(2)abstract 关键字放在方法的返回值类型前,指明该方法是抽象方法。

(3)抽象类不能被实例化,即无法通过 new 关键字直接创建抽象类的实例。

(4)一个抽象类中可以有多个抽象方法,也可以有实例方法。

(5)抽象类可以包含成员变量、构造方法、初始化块、内部类、枚举类和方法等,但不能通过构造方法创建实例,只可在子类创建实例时调用。

定义抽象类有三种情况:直接定义一个抽象类;继承一个抽象类,但没有完全实现父类包含的抽象方法;实现一个接口,但没有完全实现接口中包含的抽象方法。

下述代码示例了抽象类和抽象方法的定义,代码如下:

```java
// Shape.java
package com;
    public abstract class Shape {
            private String color;
// 初始化块
{
System.out.println("执行抽象类中的初始化块");
}
// 构造方法
public Shape() {
}
public Shape(String color) {
this.color=color;
System.out.println("执行抽象类中的构造方法");
}
public String getColor() {
return color;
}

public void setColor(String color) {
this.color=color;
}
// 抽象方法
public abstract double area();
public abstract String getType();
}
```

上述代码定义了两个抽象方法:area()和 getType(),所以这个 Shape 类只能被定义为抽象类。虽然 Shape 类包含了构造方法和初始化块,但不能直接通过构造方法创建对象,只有通过其子类实例化。

5.5.2 抽象类的使用

抽象类不能实例化,只能被当成父类来继承。从语义角度上讲,抽象类是从多个具有相同特征的类中抽象出来的一个父类,具有更高层次的抽象。作为其子类的模板,可以避免子类设计的随意性。

下述代码定义一个三角形类,该类继承 Shape 类,并实现其抽象方法,以此示例抽象类的使用。代码如下：

```java
// Triangle.java
package com;
public class Triangle extends Shape {
    private double a;
    private double b;
    private double c;
    public Triangle(String color, double a, double b, double c) {
        super(color);
        this.a＝a;
        this.b＝b;
        this.c＝c;
    }
@Override
public double area( ){
//海伦公式计算三角形面积
    Double p＝(a＋b＋c)/2;
    double s＝Math.sqrt(p * (p－a) * (p－b) * (p－c));
    return s;
}
@Override
    public String getType() {
        if(a＞＝b＋c ‖ b＞＝a＋b ‖ c＞＝a＋b)
            return"三边不能构成一个三角形";
    else
        return"三边能构成一个三角形";
}
    public static void main(String[] args) {
        Triangle t＝new Triangle("RED",3,4,5);
    System.out.println(t.getType());
    System.out.println("三角形面积为："＋tarea());
    }
}
```

程序运行结果如下：

执行抽象类中的初始化块

执行抽象类中的构造方法

三边能构成一个三角形

三角形面积为：6.0

当使用 abstract 修饰类时，表明这个类只能被继承；当使用 abstract 修饰方法时，表明这个方法必须由子类提供实现(重写),而 final 修饰的类不能被继承,修饰的方法不能被重写,因此,final 与 abstract 不能同时使用。除此之外,static 和 abstract 也不能同时使用,并且抽象方法不能定义为 private 访问权限。

 5.5.3　抽象类的作用

抽象类体现的就是一种模板模式的设计,抽象类作为多个子类的通用模板,子类在抽象类的基础上进行扩展、改造,但子类总体上会大致保留抽象类的行为方式。

如果编写一个抽象父类,父类提供了多个子类的通用方法,并把一个或多个方法留给子类实现,这就是一种模板模式,模板模式也是十分常见且简单的设计模式之一。

以下代码是一个模板模式的示例,在这个示例的抽象父类中,父类的普通方法依赖于一个抽象方法,而抽象方法则推迟到子类中提供实现。代码如下:

```java
// CarSpeedMeterExample.java
    package com;
    abstract class SpeedMeter
    {
        private double turnRate;        //转速
        public SpeedMeter() {
    }
// 返回车轮半径的方法定义为抽象方法
public abstract double getRadius();
public void setTurnRate( double turnRate)
{
    this.turnRate＝turnRate;
// 定义计算速度的通用方法
    public double getSpeed()
    {
        //速度(千米/小时)＝＝车轮周长 * 转速 * 3.6
        return Math.round(3.6 * Math.PI * 2 * getRadius() * turnRate);
    }
}
public class CarSpeedMeterExample extends SpeedMeter
{
@Override
    public double getRadius()
    {
        return 0.30;
    }
```

```
public static void main(String[] args)
{
    CarSpeedMeterExample csm = new CarSpeedMeterExample();
    csm.setTurnRate(10);
    Sytem.out.println("车速为：" + csm.getSpeed() + "千米/小时");
}
}
```

上面程序定义了一个抽象类 SpeedMeter(车速表)，该类中定义了一个 getSpeed()方法，该方法用于返回当前车速，而 getSpeed()方法依赖于 getRadius()方法的返回值。对于该抽象类来说，无法确定车轮的半径，因此 getRadius()方法必须推迟到子类中来实现。在其子类 CarSpeedMeterExample 中，实现了父类的抽象方法，既可以创建实例对象，也可以获得当前车速。程序运行结果如下：

车速为：68.0 千米/小时

使用模板模式的一些简单规则如下：

(1)抽象父类可以只定义需要使用的某些方法，而把不能实现的部分抽象成抽象方法，留给其子类去实现。

(2)父类中可能包含需要调用的其他系列方法的方法，这些被调方法既可以由父类实现，也可以由其子类实现。

5.6 接口与包

在面向对象的概念中，所有对象都是通过类来描述的，但并不是所有的类都用于描述对象的。实际上，还会将一系列看上去不同，但本质相同的具体对象进行抽象并定义成一种类。这种类虽然不包含足够的信息来描述一个具体的对象，但是却可以将这类对象的本质加以归纳，从而制定出一种协议，便于这类对象的管理，那么这个过程就称为类的抽象。

Java 语言对类的抽象提供了两种机制：抽象类和接口。抽象类在前面的章节中已经做了介绍，本节将主要介绍接口。

接口定义了一种完全抽象的、根本不提供任何实现的类。接口中所有的方法都是抽象方法。因此，也有人将接口称为特殊的抽象类。

 5.6.1 接口的定义

接口定义的语法形式为：

```
［访问控制符］interface    接口名称［extends 父类名］
{
类型名    变量名＝变量值;
返回值类型    方法名（［参数列表］）;
…
}
```

需要说明的是：访问控制符可以是 public，也可以缺省不写。如果采用的是缺省，那表示接口仅对它所在的包的其他成员可见，否则将可以被所有代码使用，并且一旦接口被声明为 public，则接口中所有的变量和方法均为 public。由于接口中所有的方法都是抽象方法，因此不必再使用 abstract 来修饰，此外，接口的变量默认是 final 和 static 的，也就是全局静态变量。

以下定义一个接口的例子，所有的图形都有求周长和求面积的方法，但每种图形求周长、求面积的具体方法是不同的，比如：长方形的周长 c＝（长＋宽）＊2，面积 s＝长＊宽，而圆的周长是 c＝2＊pi＊半径，面积 s＝pi＊半径＊半径。那么可以定义一个 Shape 的接口，具体如下。

例 5-9 接口的定义。

```
//接口的定义

    interface Shape
    {
        double getArea();          //实现求图形面积
        double getPerimeter();     //实现求图形周长
        void printlnfo();          //实现将相关信息输出
    }
```

在 Shape 接口中声明了三个方法 getArea()、getPerimeter()、printlnfo()，分别用实现求面积、求周长和信息输出。但是每个方法都没有具体实现，都是一个抽象方法。

在 Java 中，设计接口的目的不仅是对问题进行高度的抽象，而且还可以指定它的实现类"必须做什么"。正由于在接口中没有对如何实现做出具体定义，因此接口和内存无关，这一点很重要，也正因为如此，任何类都可以实现接口，而且还可以实现任意数目的接口。这种特性可以让类不必受限于单一继承的关系，可以通过实现多个接口来达到多重继承的目的。

5.6.2 接口的实现

由于接口中的方法都是抽象方法，因此是不能通过实例化对象的方式来调用接口中的方法，此时需要定义一个类，并使用 implements 关键字实现接口中的所有方法。

实现一个或多个接口，通常采用的语法形式为：

```
class 类名[extends 父类名]　implements 接口名 1[,接口名 2,...]
    {
    ……　　// classbody
    }
```

在 classbody 中,要将接口的所有方法都进行实现,同时也可以增加新的方法实现。针对前面定义的接口 Shape,来定义 Circle 类、Rectangle 类和一个主类,注意在类中要实现接口中的所有方法。

▷ **例 5-10**　接口的实现示例。

```
// 接口的实现示例
class Circle implements Shape
{
    double PI=3.1415926;               // 圆周率
    double radius;                      // 半径
    public Circle( double radius)       // 定义圆的构造方法
    {
    this.radius=radius;
    }
public double getArea( )                // 实现圆的面积计算
{
    return PI * radius * radius;
}
public double getPerimeter( )           // 实现圆的周长计算
{
    return 2 * PI * radius;
}
public void printlnfo( )                // 实现圆的信息输出
{
    System.out.println("圆的面积为:"+ getArea()+",周长为:"+ getPerimeter());
}
}
// filename:Rectangle.java
class Rectangle implements Shape

{
private double rlong, rwidth;
public Rectangle( double rlong, double rwidth)   // 定义长方形的构造方法
{
    this.rlong=rlong;
```

```
        this.rwidth=rwidth;
    }
    public double getArea()            //实现长方形的面积计算
    {
        return rlong * rwidth;
    }
    public double getPerimeter( )       //实现长方形的周长计算
    {
        return 2 *(rlong+rwidth);
    }
    public void printlnfo()             //实现长方形的信息输出
    {
        System.out.println("长方形的面积为:"+ getArea()+",周长为:"+getPerimeter
());
    }
}
//定义一个主类Example_0510,将Circle类和Rectangle类进行实例化。
public class Example_0510
    {
    public static void main(String[] args)
    {
    Circle c=new Circle(5);
    Rectangle r=new Rectangle(4,5);
    c.printlnfo();
    r.printlnfo();
    }
}
```

结果输出:

圆的面积为:78.539815 ,周长为:31.415926

长方形的面积为:20.0 ,周长为:18.0

需要说明的是:(1)通过implements关键字来实现接口;

(2)如果要实现某个接口就要实现这个接口的全部方法;

(3)一个类可以实现多个接口。

5.6.3 包的创建与应用

在实际开发项目中,一个项目往往由很多个类构成,当类的数量达到一定规模时,很容易造成命名冲突,为了解决这个问题,参考操作系统中对文件采取的目录树的管理工作方式,Java同样也采用了这种管理思想,只是在这里将目录称为包,子目录称为子包。

包是 Java 中特有的概念，是一些提供访问保护和命名空间管理的相关类与接口的集合。使用包的目的就是通过包的分层管理机制使得类和接口很容易被查找使用，同时还可以防止命名冲突，并对访问不同包中的类和接口进行有效的权限控制。

在声明包时，使用 package 语句，包语句的语法形式为：

package pkg1[.pkg2][.pkg3]...[];

比如：package cn.itcast。

需要说明的是：如果程序中有 package 语句，则必须是源文件中的第一条可执行语句，它的前面只能有注释或空行。另外，一个文件中最多能有一条 package 语句。

包的名字有层次关系，各层之间以点分隔。包层次必须与 Java 开发系统的文件系统结构相同，通常包名全部用小写字母。

以下通过一个实例来演示包的整个创建和使用过程。

> 例 5-11　包的创建和使用过程。

```java
// filename：Vector.java
    package mypackage；        // 包语句必须是文件里第一行可执行语句
    public class Vector
{
    public Vector()
    {
        System.out.println( "mypackage.Vector")；
    }
}
    // filename：List.java
package mypackage；
public class List
{
        public List()
        {
            System.out.println("mypackage.List") ；
        }
    }
    // filename：Example_0511.java
import mypackage. * ；
public class Example_0511
{
        public static void main(String[] args)
{
    Vector v＝new Vector() ；
```

```
            List l = new List();
        }
    }
```

程序运行结果：

mypackage.Vector

mypackage.List

在程序 PackageTest.java 中，使用了 import mypackage. * ；语句，意思是将 mypackage 中类全部导入，这样 PackageTest 类中就可以直接使用包 mypackage 中定义的类。如果只需要单独导入某个类或某几个类，可采用：

import mypackage.Vector ;

import mypackage.List；

包机制的引入不但解决了命名冲突的问题，还增加了访问控制的能力。对类的成员来说，一旦声明为 public，就可以被任何地方的任何代码访问，这种成员不受包的限制；而被声明为 private 的成员则只能被该类容器之内的代码访问；如果成员没有包含一个明确的访问说明，那么它对于所在包的其他代码，包括子类代码都是可见的，这也是 Java 默认的访问范围。

需要说明的是：(1)包语句必须是源文件中的第一条可执行语句，一个文件中只允许定义一条包语句；(2)如果要调用包中的类，通过 import 关键字导入对应的包，"∗"号代表导入包中所有类，也可以单独导入某个类；(3)包的引入不但解决了命名冲突的问题，同时也增加了类成员的访问控制能力。

5.7 常用类

在程序设计中，有些功能在编程中会经常用到，为了编程方便，Java 提供了一些常用类。本小节主要给大家介绍一些常用的类，主要包括 Math 类、Random 类、Arrays 类、Date 类、Calendar 类与 SimpleDateFormat 类。

5.7.1 Math 类

Math 类包含用于执行基本数学运算的常用方法，如初等指数、对数、平方根和三角函数等。Math 类位于 java.lang 包中，由于 java.lang 包中默认导入的类库，所以在使用 Math 类时，不需要导入 java.lang 类库。Math 类中有两个静态常量 PI 和 E，其中 PI 指的是圆周率，而 E 指的是 e 常量。

表 5-2 列出了 Math 类的常用方法，具体参阅 API 文档。

表 5-2　　　　　　　　　　　　　　　Math 类的常用方法

方法声明	功能描述
public static int abs(int a)	返回整数 a 的绝对值
public static double cos(double a)	返回角的三角余弦,参数 a 以弧度表示的角
public static double sin(double a)	返回角的三角正弦,参数 a 以弧度表示的角
public static double ceil(double a)	返回不小于 a 的最小整数值
public static double floor(double a)	返回不大于 a 的最小整数值
public static long round(double a)	返回 a 的四舍五入值
public static double random()	返回一个大于等于 0.0 小于 1.0 的随机值
public static int max(int a, int b)	返回 a、b 的最大值
public static int min(int a, int b)	返回 a、b 的最小值

接下来通过一个实例来演示 Math 类的应用。

▷ 例 5-12　　Math 类的应用。

```
// filename：Example_0512.java
// Math 类的应用
public class Example_0512
{
    public static void main(String[] args)
    {
        System.out.println("输出圆周率:" + Math.PI);
        System.out.println("输出 e 常量:"+Math.E);
        System.out.println("计算绝对值的结果:"+Math.abs(10.5));
        System.out.println("求大于参数的最小整数:"+Math.ceil(10.5));
        System.out.println("求小于参数的最大整数:"+Math.floor(10.5));
        System.out.println("对小数进行四舍五入后的结果:"+Math.round(10.5));
        System.out.println("求两个数的较大值:"+Math.max(4,6));
        System.out.println("求两个数的较小值:"+Math.min(4, 6));
        System.out.println("生成一个大于等于 0.0 小于 1.0 随机值:"+Math.random());
    }
}
```

程序运行结果：

输出圆周率:3.141592653589793

输出 e 常量:2.718281828459045

计算绝对值的结果：10.5

求大于参数的最小整数：11.0

求小于参数的最大整数：10.0

对小数进行四舍五入后的结果：11

求两个数的较大值：6

求两个数的较小值：4

生成一个大于等于 0.0 小于 1.0 随机值：0.8585893692577431

需要说明的是：（1）Math 类没有构造函数，不能实例化；（2）Math 类的方法都是静态的，所以在使用时直接用 Math 加"."调用，如 Math.abs（）；（3）Math 类包含非常多的数学方法，具体需要查阅 API 文档。

5.7.2　Random 类

在程序编程中，经常会用到随机数，如何产生一个随机数呢？在 java.util 包中，有一个专门的 Random 类，它可以在指定的取值范围内随机产生数字。Random 类中实现的随机算法是伪随机，也就是有规则的随机。在进行随机时，随机算法的起源数字称为种子数（seed），在种子数的基础上进行一定的变换，从而产生需要的随机数字。相同种子数的 Random 对象，相同次数生成的随机数字是完全相同的。也就是说，两个种子数相同的 Random 对象，第一次生成的随机数字完全相同，第二次生成的随机数字也完全相同，这点在生成多个随机数字时需要特别注意。

Random 类包含两个构造方法：

（1）public Random()

public Random()该构造方法使用一个和当前系统时间对应的相对时间有关的数字作为种子数，然后使用这个种子数构造 Random 对象。

（2）public Random(long seed)

public Random(long seed)该构造方法可以通过制定一个种子数进行创建。

表 5-3 列出了 Random 类中的常用方法。

表 5-3　　　　　　　　　　　Random 类的常用方法

方法声明	功能描述
public boolean nextBoolean()	生成一个随机的 boolean 值
public double nextDouble()	生成一个随机的 double 值，数值介于[0,1.0)
public int nextInt()	生成一个随机的 int 值
public int nextInt(int n)	生成一个随机的 int 值，该值介于[0,n)
public void setSeed(long seed)	重新设置 Random 对象中的种子数

以下通过一个实例来演示 Random 类的使用。

▶ 例 5-13　编写程序实现随机产生 10 个 0~100 的随机整数。

```
//filename：Example_0513.java
//实现随机产生 10 个 0～100 的随机整数
import java.util.Random;
public class Example_0513
    {
public static void main(String[] args)
    {
    Random r＝new Random();
    for(int i＝0;i＜10;i＋＋)
    System.out.print(r.nextInt(100)＋" ");
  }
}
```

程序运行结果输出：

90　11　17　37　36　81　24　88　52　94

需要说明的是：(1)Random 创建时采用的是第一种构造方法,也就是以当前系统时间对应的相对时间有关的数字作为种子数,那么每次在运行时,由于系统时间是变动的,所以每次运行结果都不一样;(2)如果要产生在某个区域范围内的随机整数,比如:产生 a～b 的随机整数,就可以采用 a＋r.nextInt(b－a)方法进行处理。

以下通过一个实例来演示 Random 类的使用。

▶ 例 5-14　编写程序实现随机产生 10 个 20～50 的随机整数。

```
// filename：Example_0514.java
//实现随机产生 10 个 20～50 的随机整数
import java.util.Random;
    public class Example_0514
{
        public static void main(String[] args)
        {
        Random r＝new Random();
        for(int i＝0;i＜10;i＋＋)
            System.out.print(20＋r.nextInt(30)＋" ");
    }
}
```

程序运行结果：

20　35　39　24　43　34　38　30　49　37

 5.7.3　Arrays 类

在编程中经常需要对数组进行操作,在 java.util 包中,有一个专门用于操作数组的工具类 Arrays 类。在 Arrays 工具类中提供了大量的静态方法，实现数组的操作。以下主要针对 sort 方法、binarySearch 方法、copyOfRange 方法、fill 方法做介绍。

1.sort(int[] a)方法

功能实现对整数数组 a 进行升序排序，该排序算法是一个经过调优的快速排序法。这是一个静态方法，要使用时，直接通过 Arrays 类进行引用调用。以下通过一个实例来演示 sort 方法的应用。

> **例 5-15** 利用 Arrays 类调用 sort 方法实现对数组排序。

```java
import java.util.Arrays;
public class Example_0515
{
    public static void main(String[] args)
    {
        int[] a={25,6,45,7,12,56,52};
        System.out.println("排序前的数组:");
        printArray(a);
        Arrays.sort(a);
        System.out.println("排序后的数组:");
        printArray(a);
        public static void printArray(int a[])          //数组打印
        {
            for(int i=0;i<a.length;i++)
                System.out.print(a[i]+" ");
            System.out.println();                        //实现换行
        }
    }
}
```

程序结果：

排序前的数组：

25 6 45 7 12 56 52

排序后的数组：

6 7 12 25 45 52 56

需要说明的是：(1)这是一个静态方法，所以在调用时采用 Arrays.sort(a)实现对数组 a 进行排序；(2)经过 sort 排序后的数组是从小到大排列。

2.binarySearch(int a[],int key)方法

数组的查找功能在程序开发中会经常用到，在 Arrays 类中提供一个 binarySearch(int a[],int key)方法用于实现在数组 a 中对元素 key 的查找。如果元素 key 找到，则返回元素 key 所在数组中的位置，如果没有找到，则返回-1。该方法采用的是二分法查找，所以首先要确保数组 a 是已经排序后的数组。所谓的二分法查找是指每次将指定元素和数组中间位置的元素进行比较,从而排除掉其中的另一半,这样的查找效率是非常高的。以下通过一个实例来演示 binarySearch 方法的使用。

▶ 例 5-16　利用 Arrays 类调用 binarySearch 方法实现对数组查找。

```
//filename：Example_0516.java
//利用 Arrays 类调用 binarySearch 方法实现对数组查找
import java.util.Arrays;
public class Example_0516
{
public static void main(String[] args)
{
    int[] a={25,6,45,7,12,56,52};
    Arrays.sort(a);                    //对数组 a 进行排序
    printArray(a);                     //输出排序后的数组
    System.out.println(Arrays.binarySearch(a, 12));
//输出数组查找结果
public static void printArray(int a[])    //数组打印
{
for(int i=0;i<a.length;i++)
    System.out.print(a[i]+" ");
System.out.println();                  //实现换行
    }
}
}
```

程序运行的结果:

6　7　12　25　45　52　56

2

通过 Arrays.sort(a)方法之后,数组变成一个从小到大的有序数组,此时查找值 12 所在的位置,12 是数组中的第三个元素,下标为 2。

需要说明的是:(1)数组 a 必须是排序好的数组;(2)返回查找的结果时,如果找到则返回 key 在数组中元素的下标,否则返回−1。

3.copyOfRange(int[] original,int from,int to)方法

在程序开发中,经常需要在不破坏原数组的情况下使用数组中的部分元素,在 Arrays 类中提供了方法 copyOfRange(int[] orginal,int from,int to)。该方法将原数组 original 中的指定部分复制到一个新的数组,from 表示被复制数组的初始索引(包含),to 是表示被复制数组的最后索引(不包含)。以下通过一个实例来演示 copyOfRange 方法的使用。

> 例 5-17   Arrays 类的 copyOfRange()方法示例。

```
// filename：Example _0517.java
//  Arrays 类的 copyOfRange()方法示例
import java.util. * ;
public class Example_0517
{
public static void main(String[] args)
{
int a[]={25,42,12,36,75,56,14,50} ;
int b[]=Arrays.copyOfRange(a,1,5);
for(int i=0;i<b.length;i++ )
{
    System.out.print(b[i]+" ");
}
    }
}
```

程序运行结果：

42   12   36   75

通过程序运行的结果可知,通过语句 Arrays.copyOfRange(a,1,5);将数组 a 的一部分元素 42 12 36 75 复制到数组 b 了。此处一定要注意 from 和 to 的包含与不包含关系。

4.fill(int[] a,int fromIndex,int toIndex,int val)方法

在程序开发中,有时需要用一个值去替换数组中指定范围的每个元素。此时可以用 Arrays 类中提供的 fill(int[] a,int fromIndex,int toIndex,int val)方法。该方法实现将值 val 去替换数组 a 中下标从 fromIndex 到 toIndex 位置的元素。要注意的是 fromIndex 是包含的,toIndex 是不包含的。以下通过一个实例来演示 fill 方法的使用。

> 例 5-18   Arrays 类的 fill()方法示例。

```
// filename：Example_0518.java
//Arrays 类的 fill()方法示例
import java.util.Arrays;
public class Example_0518
{
public static void main(String[] args)
{
int a[]={25,42,12,36,75,56,14,50} ;
Arrays.fill(a,1,4,2);
for(int i=0;i< a.length;i++ )
{
```

```
System.out.print(a[i]+" ");
        }
    }
}
```

程序运行结果：

25 2 2 2 75 56 14 50

从结果可以看出，将数组 a 下标 1～3 的值替换为 2。其实 Arrays 类提供了大量操作数组的方法，具体参照 API 文档，此处不再描述。

5.7.4　Date 类、Calendar 类与 SimpleDateFormat 类

在程序开发时，经常需要用到日期时间，在 Java 中，针对日期时间，主要用三个类，分别是 Date 类、Calendar 类和 SimpleDateFormat 类，其中 Date 类和 Calendar 类在 java.util 包中，而 SimpleDateFormat 类在 java.text 包中。以下对这三个类进行介绍。

1.Date 类

在 java.util 包中提供了一个 Date 类表示日期和时间，但 Date 类中的大部分构造方法被声明过时，只有两个构造方法建议使用，一个是无参数的构造方法 Date()，用于创建当前日期的 Date 对象，另一个是用 long 型参数的构造方法 Date(long date)，用于创建指定时间的 Date 对象，要注意的是 date 参数表示的是 1970 年 1 月 1 日 00:00:00 以来的毫秒数。以下通过一个实例来演示 Date 类的应用。

> 例 5-19　Date 类的应用。

```
// filename：Example_0519.java
//Date 类的应用
import java.util.Date;
public class Example_0519
{
public static void main(String[] args)
    {
    Date d1=new Date() ;
    Date d2=new Date(500);
    System.out.println(d1);
    System.out.println(d2);
    }
}
```

运行结果：

Tue Sep 19 08:57:42 CST 2021

Thu Jan 01 08:00:00 CST 1970

从 JDK1.1 开始,Date 类的大部分功能都被 Calendar 类取代,接下来就针对 Calendar 类进行介绍。

2.Calendar 类

由于 Date 类中大部分的方法都不建议使用,如果要实现对日期和时间字段的操作,那么就需要用到 Calendar 类,Calendar 类为日期和时间的操作提供了大量的方法,通过方法可以获取年、月、日、时、分和秒等。但要注意的是 Calendar 类是一个抽象类,所以不能通过 new 关键字进行实例化,在程序中需要调用静态方法 getInstance()来返回一个 Calendar 对象。以下通过程序实例来演示如何获取当前的时间信息。

例 5-20 Calendar 类的应用。

```
// filename：Example_0520.java
// Calendar 类的应用
import java.util.Calendar；
public class Example_0520
    {
    public static void main(String[] args)
    {
        Calendar cl＝Calendar.getInstance()； // 获取表示当前时间的 Calendar 对象
        calendarPrint(cl)；
    }
    static void calendarPrint(Calendar cl)
    {
        int   year＝cl.get(Calendar.YEAR)；          // 获取当前年份
        int   month＝cl.get(Calendar.MONTH)＋1；     // 获取当前月份
        int   date＝cl.get(Calendar.DATE)；          // 获取当前日
        int   hour＝cl.get(Calendar.HOUR)；          // 获取时
        int   minute＝cl.get(Calendar.MINUTE)；      // 获取分
        int   second＝cl.get(Calendar.SECOND)；      // 获取秒

        System.out.println("当前时间为："＋year＋"年"＋month＋"月"＋date＋"日"＋hour
＋"时"＋minute＋"分"＋second＋"秒"；；
    }
}
```

程序运行结果：

当前时间为：2021 年 9 月 19 日 9 时 26 分 44 秒

此处要注意的是：(1)Calendar 对象的创建是通过调用静态方法 getInstance()实现；(2)通过调用 get()方法获取当前日期和时间信息；(3)Calendar.MONTH,月份的起始值是从 0 开始,所以在获取当前月份时要在这个基础上加 1 进行操作。

在程序中除了要获取当前计算机的日期时间,有时候也会经常要设置或修改日期时间,在 Calendar 类中,提供了 set()和 add()方法,用于设置时间或对时间进行增加操作。其中 set()方法用于设置对应的日期时间,add()方法用于对时间进行增加操作。以下通过实例来演示如何设置日期和如何对日期进行增加操作。

▶ **例 5-21**　设置日期和对日期进行增加操作。

```java
// filename：Example_0521.java
// 设置日期和对日期进行增加操作
import java.util.Calendar;
public class Example_0521
{
        public static void main(String[] args)
    {
    Calendar cl＝Calendar.getInstance();
    cl.set(2021,2,1);
    calendarPrint(cl);
    cl.add(Calendar.DATE,50);
    calendarPrint(cl);
    }
static void calendarPrint(Calendar cl )
    {
    int year＝cl.get(Calendar.YEAR);            // 获取当前年份
    int month＝cl.get(Calendar.MONTH)＋＋1;     // 获取当前月份
    int date＝cl.get(Calendar.DATE);            // 获取当前日
    int hour＝cl.get(Calendar.HOUR);            // 获取时
    int minute＝cl.get(Calendar.MINUTE);        // 获取分
    int second＝cl.get(Calendar.SECOND);        // 获取秒
    System.out.println("当前时间为:"＋year ＋"年"＋month＋"月"＋date＋"日"＋hour＋
"时"＋minute＋"分"＋second＋"秒";
    }
}
```

程序运行结果：

当前时间为:2021 年 2 月 1 日 9 时 49 分 17 秒

当前时间为:2021 年 3 月 23 日 9 时 49 分 17 秒

需要说明的是:(1)语句 cl.set(2021,2,1)表示设置的时间是 2021 年 2 月 1 日;(2)语句 cl.add(Calendar.DATE , 50)表示在 Calendar.DATE 上加 50 天,结果就是 2021 年 3 月 23 日。

3.SimpleDateFormat 类

SimpleDateFormat 类是 Java 中一个非常常用的类,是 DateFormat 类的一个子类,该类用于对日期字符串进行解析和格式化输出,位于 java.text 类库。通过 SimpleDateFormat 类可以将日期转换成想要的格式,以下通过一个实例来演示 SimpleDateFormat 类的应用。

> 例 5-22　SimpleDateFormat 类应用实例。

```
// filename：Example_0522.java
// SimpleDateFormat 类应用实例

import java.text.SimpleDateFormat;
import java.util.Date;
public class Example_0522
{
    public static void main(String[] args)
    {
        SimpleDateFormat CeshiFmt0＝new SimpleDateFormat
    ("Gyyyy 年 MM 月 dd 日 HH 时 mm 分 ss 秒");
SimpleDateFormat CeshiFmt1＝new SimpleDateFormat("yyyy/ MM/dd HH:mm");
SimpleDateFormat CeshiFmt2＝new SimpleDateFormat("yyyy/ MM/dd HH:mm");
SimpleDateFormat CeshiFmt3＝new SimpleDateFormat("yyyy 年 MM 月 dd 日 HH 时 mm 分 ss
秒 E");
SimpleDateFormat CeshiFmt4＝new SimpleDateFormat("yyyy/MM/dd E") ;
Date now＝new Date();
System.out.println(CeshiFmt0.format(now) );
System.out.println(CeshiFmt1.format(now) ) ;
System.out.println(CeshiFmt2.format(now) ) ;
System.out.println(CeshiFmt3.format(now) ) ;
System.out.println(CeshiFmt4.format(now) ) ;
    }
}
```

程序运行结果：

公元 2021 年 09 月 20 日 09 时 36 分 44 秒

2021/09/20　09:36

2021/09/20　09:36:44

2021 年 09 月 20 日 09 时 36 分 44 秒星期一

2021/09/20 星期一

通过 SimpleDateFormat 类，可以非常方便地实现各种日期格式的转换。只需要在创建 SimpleDateFormat 对象时，传入合适的格式字符串参数，就能解析各种形式的日期字符串。格式字符串参数是一个使用日期/时间字段占位符的日期模板，具体模板格式内容可以查阅 API 文档。

5.8 异常处理

5.8.1 异常概述

在程序运行过程中会发生各种非正常状况,如程序运行时磁盘空间不足、文件找不到、网络连接中断、被装载的类不存在、非法参数等,针对这些情况,在 Java 语言中,引入了异常,以异常类的形式对这些非正常情况进行封装,通过异常处理机制对程序运行时发生的各种问题进行处理。接下来通过一个例子来认识一下什么是异常。

> **例 5-23**   异常实例。

```java
// filename：Example_0523.java
// 算数异常
public class Example_0523
  { public static void main(String args[])
    { int result＝divide(3,0);
    System.out.println("result");
    }
  // 以下的方法实现了两个整数相除
  public static int divide(int x,int y) {
  return x/y;
  }
}
```

运行结果如图 5-14 所示。

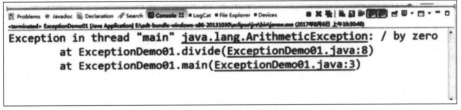

图 5-14 例 5-23 运行结果

从图 5-14 的运行结果可以看出,程序发生了算法异常(java.lang.ArithmeticException),这个异常因为调用 divide()方法时传入了参数 0,出现了被 0 除的情况,在这种情况下,程序会立即结束,无法向下执行。

Java 把异常当作对象来处理,并定义一个基类 java.lang.Throwable 作为所有异常的超类。在 Java API 中已经定义了许多异常类,这些异常类分为两大类,错误 Error 和异常 Exception。

Throwable 类是所有异常和错误的超类,有两个子类 Error 和 Exception,分别表示错误和异常。其中异常类 Exception 又分为运行时异常(Runtime Exception)和非运行时异常,这两种异常有很大的区别,也称为不检查异常(Unchecked Exception)和检查异常(Checked Exception)。

Error 类称为错误类,它表示 Java 运行时产生的系统内部错误或资源耗尽的错误,是比较严重的,仅靠修改程序本身是不能恢复运行的。按照 Java 惯例,是不应该实现任何新的 Error 子类的。

Exception 类称为异常类,它表示程序本身可以处理的异常,这种异常分两大类:运行时异常和非运行时异常。程序中应当尽可能去处理这些异常。

 5.8.2　Java 异常处理机制

在例 5-23 中,由于发生了异常导致程序立即终止,所以无法继续向下执行了。为了解决这样的问题,Java 中提供了一种对异常进行处理的方式——异常捕获。对可能出现异常的代码,有两种处理办法。

1.能处理的异常

在方法中用 try…catch 语句捕获并处理异常,catch 语句可以有多个,用于匹配多个异常。在 Java 中,异常处理的完整语法是:

```
try
{
//业务实现逻辑
...
catch(SubExceptione1)
//异常处理快 1
...
}
catch(SubExceptione2)
//异常处理快 2
...
}
...
finally
{
//资源回收块
...
}
```

以上语法有三个代码块:

(1) try 语句块,表示要尝试运行代码,try 语句块中代码受异常监控,其中代码发生异常时,会抛出异常对象。

(2)catch 语句块会捕获 try 代码块中发生的异常,并在其代码块中做异常处理,catch

语句带一个 Throwable 类型的参数,表示可捕获异常类型。当 try 中出现异常时,catch 会捕获到发生的异常,并和自己的异常类型匹配,若匹配,则执行 catch 块中代码,并将 catch 块参数指向所抛的异常对象。

catch 语句可以有多个,用于匹配多个中的一个异常,一旦匹配上后,就不再尝试匹配别的 catch 块了。

通过异常对象可以获取异常发生时完整的 JVM 堆栈信息,以及异常信息和异常发生的原因等。

(3) finally 语句块是紧跟 catch 语句后的语句块,这个语句块总是会在方法返回前执行,而不管 try 语句块是否发生异常。目的是给程序一个补救的机会。这样做也体现了 Java 语言的健壮性。

▶ 例 5-24   异常处理机制。

```java
//filename：Example_0524.java
public class Example_0524
{
    public static void main(String args[])
    {
//以下定义了一个 try...catch 语句用于捕获异常
try
{
int result＝divide(3,0);
System.out.println(" result"＋ result);
}
catch(Exceptione)
{
//对异常进行处理
System.out.println("捕获的异常信息为:"＋e.getMessage());
}
Finally
{
//不管有没有异常都要执行,用于释放资源
System.out.println("不管有没有异常都要执行");
}
System.out.println("程序继续执行");
}
//以下的方法实现了两个整数相除
public static int divide(int x,int y)
{
```

```
return x/y;
}
}
```

2.不能处理的异常

对于处理不了的异常或者要转型的异常,在方法的声明处通过 throws 语句抛出异常。throws 关键字声明抛出异常的语法形式为:

［修饰符］［返回值类型］方法名（参数表） throws ExceptionType1［,ExceptionType2,……］

▶ 例 5-25　throws 抛出异常。

```
//filename：Example_0525.java
// throws 抛出异常
public class Example_0525
{
public static void main(String args[])
{
int result＝divide(3,0) ;
System.out.println(" result"＋ result);
}
// 以下的方法实现了两个整数相除,并使用 throws 关键字抛出异常
public static int divide(int x,int y) throws Exception
{
return x/y;
}
}
```

例 5-25 在编译程序时报错,运行结果如图 5-15 所示。因为在定义 divide()方法时声明抛出了异常,调用者在调用 divide()方法时就必须进行处理,否则就会发生编译错误。处理的方法如编译时提示:(1)在调用函数,即 main()声明时继续抛出异常;(2)使用 try...catch 对调用语句进行异常处理。

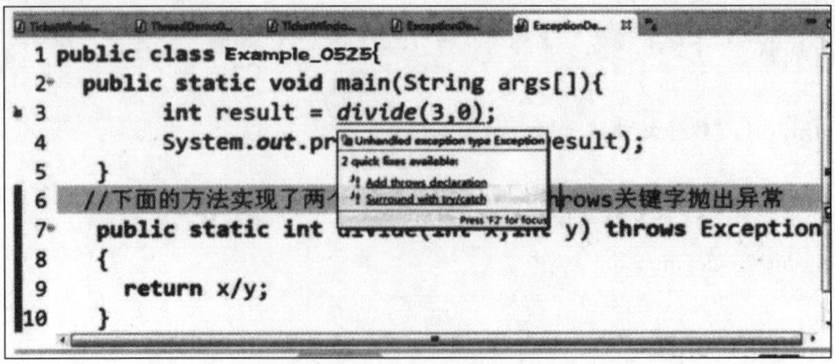

图 5-15　例 5-25 编译结果

如果每个方法都是简单的抛出异常,那么在方法调用方法的多层嵌套调用中,Java 虚拟机会从出现异常的方法代码块中往回找,直到找到处理该异常的代码块为止。然后将异常交给相应的 catch 语句处理。当 Java 虚拟机追溯到方法调用栈最底部 main()方法时,如果仍然没有找到处理异常的代码块,将按照以下步骤处理:

(1)调用异常的对象的 printStackTrace()方法,打印方法调用栈的异常信息。

(2)如果出现异常的线程为主线程,则整个程序运行终止;如果非主线程,则终止该线程,其他线程继续运行。

通过分析思考可以看出,越早处理异常消耗的资源和时间越小,产生影响的范围也越小。因此,不要把自己能处理的异常也抛给调用者。还有一点不可忽视:finally 语句块在任何情况下都是必须执行的代码,这样可以保证一些在任何情况下都必须执行代码的可靠性。比如,在数据库查询异常的时候,应该释放 JDBC 连接,等等。finally 语句块先于 return 语句执行,而不论其先后位置,也不管是否 try 块出现异常。finally 语句块唯一不被执行的情况是方法执行了 System.exit()方法。System.exit()的作用是终止当前正在运行的 Java 虚拟机。finally 语句块中不能通过给变量赋新值来改变 return 的返回值,不要在 finally 语句块中使用 return 语句,这样没有意义还容易导致错误。

5.8.3 自定义异常

尽管 Java 的内置异常能处理大多数常见错误,但人们依然希望建立自己的异常类型来处理所应用的特殊情况。这是非常简单的:只要定义 Exception 的一个子类就可以了。这个子类不需要实际执行什么,它们在类型系统中的存在允许人们把它们当成异常使用。

Exception 类自己没有定义任何方法。当然,它继承了 Throwable 提供的一些方法。因此,所有异常,包括我们创建的,都可以获得 Throwable 定义的方法。

以下的例子声明了 Exception 的一个新子类,然后把该子类当作方法中出错情形的信号。

> 例 5-26   自定义异常。

```
//自定义异常
public class DivideByMinusException extends Exception
{
public DivideByMinusException()
{
super();
}
public DivideByMinusException(String message)
{
super(message);
```

```
}
}
public class Example_0526
//filename：Example_0526.java
{public int divide(int x,int y) throws Exception
{
    if(y<0)
    Throw new DivideByMinusException("the divisor is negative"+y)；
        //这里抛出的异常对象,就是catch(Exception e)中的e
int result＝x/ y；
return result；
}
public static void main(String args[] )
{
//以下定义了一个try...catch语句用于捕获异常
int result＝0；
Try
{
result＝divide(6,2)；
System.out.println(" result:"＋result) ；
result＝divide(6,－ 2)；
System.out.println(" result:"+result)；
}
catch(DivideByMinusException e)
{
//对异常进行处理
System.out.println
("捕获的异常信息为:"+e.getMessage())；
}
Finally
{
//不管有没有异常都要执行,用于释放资源
System.out.println
("不管有没有异常都要执行")
}
System.out.println
("程序继续执行")；
}
}
```

思考与练习

❶ 下列关于类的描述中,错误的是(　　　)。

A.类就是 C 语言中的结构类型

B.类是创建对象的模板

C.类是抽象数据类型的实现

D.类是具有共同行为的若干对象的统一描述体

❷ 下列关于数组维数的描述中,错误的是(　　　)。

A.定义数组时必须将每维的大小都明确指出

B.二维数组是指该数组的维数为 2

C.数组的维数可以使用常量表达式

D.数组元素个数等于该数组的各维大小的乘积

❸ 下列关于字符数组的描述中,错误的是(　　　)。

A.字符数组中的每一个元素都是字符

B.字符数组可以使用初始值表进行初始化

C.字符数组可以存放字符串

D.字符数组就是字符串

❹ 已知:int a[]={1,2,3,4,5}, * p=a;在下列数组元素地址的表示中,正确的是(　　　)。

A.p=&a   B.p=&b

C.p[0]=&a,p[1]=&b   D.p[]={&a,&b};

第 6 章

集合类

本章思政目标

6.1 集合概述

Java 的集合类是一些常用的数据结构,如队列、栈、链表等。Java 集合就像一种"容器",用于存储数量不等的对象,并按照规范实现一些常用的操作和算法。程序员在使用 Java 的集合类时,不必考虑数据结构和算法的具体实现细节,而是根据需要直接使用这些集合类并调用相应的方法即可,从而提高了开发效率。

 6.1.1 集合框架

在 JDK 5.0 之前,Java 集合会丢失容器中所有对象的数据类型,将所有对象都当成 Object 类型进行处理。从 JDK 5.0 增加泛型之后,Java 集合完全支持泛型,可以记住容器中对象的数据类型,从而可以编写更简洁、健壮的代码。

Java 所有的集合类都在 java.util 包下,从 JDK 5.0 开始,为了处理多线程环境下的并发安全问题,又在 java.util.concurrent 包下提供了一些多线程支持的集合类。

Java 的集合类主要由两个接口派生而出:Collection 和 Map,这两个接口派生出一些子接口或实现类。Collection 和 Map 是集合框架的根接口。图 6-1 所示是 Collection 集合体系的继承树。

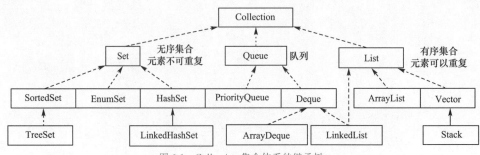

图 6-1 Collection 集合体系的继承树

Collection 接口下有 3 个子接口：

（1）Set 接口：无序、不可重复的集合；

（2）Queue 接口：队列集合；

（3）List 接口：有序、可以重复的集合。

图 6-2 所示是 Map 集合体系的继承树。

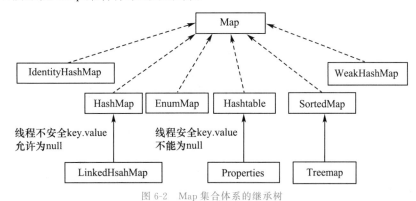

图 6-2　Map 集合体系的继承树

所有 Map 的实现类用于保存具有映射关系的数据，即 Map 保存的每项数据都是由 key-value 键值对组成。Map 中的 key 用于标识集合中的每项数据，是不可重复的，可以通过 key 来获取 Map 集合中的数据项。

Java 中的集合分为三大类：

（1）Set 集合：将一个对象添加到 Set 集合时，Set 集合无法记住添加的顺序，因此 Set 集合中的元素不能重复，否则系统无法识别该元素，访问 Set 集合中的元素也只能根据元素本身进行访问；

（2）List 集合：与数组类似，List 集合可以记住每次添加元素的顺序，因此可以根据元素的索引访问 List 集合中的元素，List 集合中的元素可以重复且长度是可变的；

（3）Map 集合：每个元素都由 key-value 键值对组成，可以根据每个元素的 key 来访问对应的 value。Map 集合中的 key 不允许重复，value 可以重复。

 6.1.2　迭代器接口

迭代器（Iterator）可以采用统一的方式对 Collection 集合中的元素进行遍历操作，开发人员不需要关心 Collection 集合中的内容，也不必实现 IEnumerable 或者 IEnumerator 接口，就能够使用 foreach 循环遍历集合中的部分或全部元素。

Java 从 JDK 5.0 开始增加了 Iterable 新接口，该接口是 Collection 接口的父接口，因此所有实现了 Iterable 的集合类都是可迭代的，都支持 foreach 循环遍历。Iterable 接口中的 iterator（）方法可以获取每个集合自身的迭代器 Iterator。Iterator 是集合的迭代器接口，定义了常见的迭代方法，用于访问、操作集合中的元素。Iterator 接口中的常用方法及功能如表 6-1 所示。

表 6-1　　　　　　　　　　　　Iterator 接口中的常用方法及功能

常用方法	功能描述
default void forEachRemaining (Consumer<? super E> action)	默认方法,对所有元素执行指定的动作
boolean hasNext()	判断是否有下一个可访问的元素,如有则返回 true
E next()	返回可访问的下一个元素
void remove()	移除迭代器返回的最后一个元素,该方法必须紧跟一个元素的访问后执行

下述代码示例了 Iterator 接口中的方法的应用,代码如下：

```java
IteratorExample.java
package com;
import java.util.Collection;
import java.util.HashSet;
import java.util.Iterator;
public class IteratorExample {
    public static void main(String[] args)
{
    //创建一个集合
    Collection city=new HashSet<>0;
    city.add("重庆");
    city.add("成都");
    city.add("北京");
    city.add("上海");
    //直接显示集合元素
    System.out.print("开始的城市有："+city+" ");
    System.out.println();
    //获取 city 集合对应的迭代器
    Iterator it=city.iterator();
    while(it.hasNext)){
    String c=(String)it.next();
    System.out.print(c+" ");
    if(c.equals("成都"))
        it.remove();
}
    System.out.println();
    System.out.print("最后的城市有："+city+" ");
    }
}
```

程序运行结果如下：

开始的城市有：[上海,北京,重庆,成都]

上海　北京　重庆　成都

最后的城市有：[上海,北京,重庆]

6.2　接　口

6.2.1　Collection 接口

Collection 接口是 Set、Queue 和 List 接口的父接口，Collection 接口中定义的方法可以操作这三个接口中的任一个集合，Collection 接口中常用的方法及功能如表 6-2 所示。

表 6-2　　　　　　　　　　　Collection 接口中常用的方法及功能

常用方法	功能描述
boolean add(E obj)	添加元素,成功则返回 true
boolean addAll(Collection<? extends E> c)	添加集合 c 的所有元素
void clear()	清除所有元素
boolean contains(Object obj)	判断是否包含指定的元素,包含则返回 true
boolean containsAll(Collection<?> c)	判断是否包含集合 c 的所有元素
int hashCode()	返回该集合的哈希码
boolean isEmpty()	判断是否为空,若为空则返回 true
Iterator<E> iterator()	返回集合的迭代接口
boolean remove(Object obj)	移除元素
boolean removeAll(Collection<?> c)	移除集合 c 的所有元素
boolean retainAll(Collection<?> c)	仅保留集合 c 的所有元素,其他元素都删除
int size()	返回元素的个数
Object[] toArray()	返回包含集合所有元素的数组
<T> TO[] toArray(T[] a)	返回指定类型的包含集合所有元素的数组

使用 Collection 需要注意以下几个问题：

（1）add()、addAll()、remove()、removeAll()和 retainAll()方法可能会引发不支持该操作的 UnsupportedOperationException 异常。

（2）将一个不兼容的对象添加到集合中时，将产生 ClassCastException 异常。

（3）Collection 接口没有提供获取某个元素的方法，但可以通过 iterator()方法获取迭代器来遍历集合中的所有元素。

（4）虽然 Collection 中可以存储任何 Object 对象，但不建议在同一个集合容器中存储不同类型的对象，建议使用泛型增强集合的安全性，以免引起 ClassCastException 异常。

下述代码示例了如何操作 Collection 集合里的元素，代码如下：

```
CollectionExample.java
package com；
import java.util.ArrayList；
import java.util.Collection；
public class CollectionExample{
public static void main(String[] args){
//创建一个 Collection 对象的集合，该集合用 ArrayList 类实例化
Collection<Comparable> c=new ArrayList<>()；
//添加元素
c.add("Java 程序设计")；.
c.add(12)；
c.add("Android 程序设计")；
System.out.println("c 集合元素的个数为：" + c.size())；
//删除指定元素
c.remove(12)；
System.out.println("删除后，c 集合元素的个数为：" + c.size())；
    c.contains("Java 程序设计")；
//查看 c 集合的所有元素
System.out.println("c 集合的元素有："+ c)；
//清空集合中的元素
c.clear()；
//判断集合是否为空
System.out.println("c 集合是否为空：" + c.isEmpty())；
    }
}
```

程序运行结果如下：

c 集合元素的个数为：3

删除后，c 集合元素的个数为：2

c 集合的元素有：［Java 程序设计，Android 程序设计］

c 集合是否为空：true

6.2.2　List 接口及其实现类

List 是 Collection 接口的子接口，可以使用 Collection 接口中的全部方法。因为 List 是有序、可重复的集合，所以 List 接口中又增加一些根据索引操作集合元素的方法，常用的方法及功能如表 6-3 所示。

表 6-3   **List 接口中的常用方法及功能**

常用方法	功能描述
void add(int index，E element)	在列表的指定索引位置插入指定元素
boolean addAll(int index，Collection＜? extends E＞c)	在列表的指定索引位置插入集合 c 所有元素
E get(int index)	返回列表中指定索引位置的元素
int indexOf(Object o)	返回列表中第一次出现指定元素的索引,如果不包含该元素,则返回－1
int lastIndexOf(Object o)	返回列表中最后出现指定元素的索引,如果不包含该元素,则返回－1
E remove(int index)	移除指定索引位置上的元素
E set(int index，E element)	用指定元素替换列表中指定索引位置的元素
Listerator＜E＞ listlterator()	返回列表元素的列表迭代器
Listerator ＜E＞ listerator (int index)	返回列表元素的列表迭代器,从指定索引位置开始
List＜E＞ subList(int fromIndex，int toIndex)	返回列表指定的 fromIndex(包括)和 toIndex(不包括)之间的元素列表

    List 集合默认按照元素添加顺序设置元素的索引,索引从 0 开始,例如:第一次添加的元素索引为 0,第二次添加的元素索引为 1,第 n 次添加的元素索引为 n－1。当使用无效的索引时将产生 IndexOutOfBoundsException 异常。

    ArrayList 和 Vector 是 List 接口的两个典型实现类,完全支持 List 接口的所有功能方法。ArrayList 称为"数组列表",而 Vector 称为"向量",两者都是基于数组实现的列表集合,但该数组是一个动态的、长度可变的、并允许再分配的 Object[]数组。

    ArrayList 和 Vector 在用法上几乎完全相同,但由于 Vector 从 JDK 1.0 开始就有了,所以 Vector 中提供了一些方法名很长的方法,例如：addElement()方法,该方法跟 add()方法没有任何区别。

    ArrayList 和 Vector 虽然在用法上相似,但两者在本质上还是存在区别的:

    (1)ArrayList 是非线程安全的,当多个线程访问同一个 ArrayList 集合时,如果多个线程同时修改 ArrayList 集合中的元素,则程序必须手动保证该集合的同步性。

    (2)Vector 是线程安全的,程序不需要手动保证该集合的同步性。正因为 Vector 是线程安全的,所以 Vector 的性能要比 ArrayList 低。在实际应用中,即使要保证线程安全,也不推荐使用 Vector,而可以使用 Collections 工具类将一个 ArrayList 变成线程安全的。

    下述代码示例了 ArrayList 类的使用,代码如下:

```
ArrayListExample.java
    package com;.
    import java.til.ArrayList;
    import java.util.Iterator;
```

```java
public class ArrayListExample {
    public static void main(String[] args) {
        //使用泛型 ArrayList 集合
        ArrayList<String> array=new ArrayList< >0;
        //添加元素
        array.add("北京");
        array.add("上海");
        array.add("广州");
        array.add("重庆");
        array.add("深圳");
        System.out.print("使用 foreach 遍历集合:");
        for(String s:array){
            System.out.print(s+" ");
        }
System.out.println();
System.out.print("使用 iterator 迭代器遍历集合:");
//获取迭代器对象
Iterator<String> it=array.iterator();
while(it.hasNext(){
    System.out.print(it.next()+" ");
}
//删除指定索引和指定名称的元素
array.remove(0);
array.remove("广州");
System.out.println();
System.out.print("删除后的元素有:");
for(String s:array){
    System.out.print(s+" ");
        }
    }
}
```

程序运行结果如下:

使用 foreach 遍历集合:北京 上海 广州 重庆 深圳

使用 Iterator 迭代器遍历集合:北京 上海 广州 重庆 深圳

删除后的元素有:上海 重庆 深圳

6.2.3 Set 接口及其实现类

Set 集合类似于一个罐子,可以将多个元素丢进罐子里,但不能记住元素的添加顺序,因此不允许包含相同的元素。Set 接口继承 Collection 接口，没有提供任何额外的方法，其用法与 Collection 一样，只是特性不同（Set 中的元素不重复）。

Set 接口常用的实现类包括 HashSet、TreeSet 和 EnumSet，这三个实现类各具特色：

（1）HashSet 是 Set 接口的典型实现类，大多数使用 Set 集合时都使用该实现类。HashSet 使用 Hash 算法来存储集合中的元素，具有良好的存、取以及查找性。

（2）TreeSet 采用 Tree"树"的数据结构来存储集合元素，因此可以保证集合中的元素处于排序状态。TreeSet 支持两种排序方式：自然排序和定制排序，默认情况下采用自然排序。

（3）EnumSet 是一个专为枚举类设计的集合类，其所有元素必须是指定的枚举类型。

EnumSet 集合中的元素也是有序的，按照枚举值顺序进行排序。

HashSet 及其子类都采用 Hash 算法来决定集合中元素的存储位置，并通过 Hash 算法来控制集合的大小。Hash 表中可以存储元素的位置称为"桶（bucket）"，通常情况下，单个桶只存储一个元素，此时性能最佳，Hash 算法可以根据 HashCode 值计算出桶的位置，并从桶中取出元素。但当发生 Hash 冲突时，单个桶会存储多个元素，这些元素以链表的形式存储。

下述代码示例了 HashSet 实现类的具体应用，代码如下：

```java
HashSetExample.java
package com;
import java.util.HashSet;
import java.util.Iterator;
public class HashSetExample {
    public static void main(String[] args) {
        //使用泛型 HashSet
        HashSet<Integer> hs=new HashSet<>();
        //向集合中添加元素
        hs.add(12);
        hs.add(3);
        hs.add(24);
        hs.add(24);
        hs.add(5);
//直接输出 HashSet 集合对象
System.out.println(hs);
//使用 foreach 循环遍历
for (int a: hs) {
    System.out.print(a+" ");
}
System.out.println();
```

```
hs.remove(3);        // 删除指定元素
System.out.print("删除后剩下的数据：");
//获取 HashSet 的迭代器
Iterator <Integer> iterator＝hs.iterator();
//使用迭代器遍历
while (iterator.hasNext()) {
    System.out.print(iterator.next()+" ");
        }
        }
}
```

程序运行结果如下：

[3,5，24，12]

3　5　24　12

删除后剩下的数据：5　24　12

通过运行结果可以发现，HashSet 集合中的元素是无序的，且没有重复元素。

下述代码示例了 TreeSet 实现类的使用，代码如下：

```
TreeSetExample.java
package com；
import java.util.Iterator；
import java.util.TreeSet；
public class TreeSetExample {
    public static void main(String[] args)
    {
        TreeSet<String> hs＝new TreeSet<>();
        hs.add("上海");
        hs.add("重庆");
        hs.add("广州");
        hs.add("成都");
        hs.add("重庆");
        System.out.println(hs);
        for (String str:hs)
        {
            System.out.print(str+" ");
}
hs.remove("重庆");
System.out.println();
System.out.print("删除后剩下的数据：");
Iterator<String> iterator＝hs.iterator();
```

```
    while (iterator.hasNext()) {
        System.out.print(iterator.next()+" ");
    }
    }
}
```

程序运行结果如下：

［上海，广州，成都，重庆］

上海 广州 成都 重庆

删除后剩下的数据：上海 广州 成都

通过运行结果可以看出，TreeSet 集合中的元素按照字符串的内容进行排序，输出的元素都是有序的，但也不能包含重复元素。

 6.2.4　Queue 接口及其实现类

Queue 用于模拟队列这种数据结构，通常以"先进先出（FIFO）"的方式排序各个元素，即最先入队的元素最先出队。Queue 接口继承 Collection 接口，除了 Collection 接口中的基本操作外，还提供了队列的插入、提取和检查操作，且每个操作都存在两种形式：一种操作失败时抛出异常；另一种操作失败时返回一个特殊值（null 或 false）。

Queue 接口中的常用方法及功能如表 6-4 所示。

表 6-4　　　　　　　　　　　　Queue 接口中的常用方法及功能

常用方法	功能描述
boolean add(E e)	将指定的元素插入此队列，在成功时返回 true；如果当前没有可用的空间，则抛出 IllegalStateException 提示
E element()	获取队头元素，但不移除此队列的头
boolean offer(E e)	将指定元素插入此队列，当队列有容量限制时，该方法通常要优于 add()方法，后者可能无法插入元素，而只是抛出一个异常
E peek()	查看队头元素，但不移除此队列的头，如果此队列为空，则返回 null
E poll()	获取并移除此队列的头，如果此队列为空，则返回 null
E remove()	获取并移除此队列的头

Queue 接口有一个 PriorityQueue 实现类。PriorityQueue 类是基于优先级的无界队列，通常称为"优先级队列"。优先级队列的元素按照其自然顺序或定制排序，优先级队列不允许使用 null 元素，依靠自然顺序的优先级队列不允许插入不可比较的对象。

下述代码示例了 PriorityQueue 实现类的使用，代码如下：

```
PriorityQueueExample.java
package com；
import java.util.Iterator；
import java.util.PriorityQueue；
public class PriorityQueueExample {
    public static void main(String[] args) {
    PriorityQueue <Integer> pq=new PriorityQueue<>0；
    pq.offer(6)；
    pq.offer(-3)；
    pq.offer(20)；
    pq.offer(18)；
System.out.println(pq)；//访问队列的第一个元素
System.out.println("poll：" + pq.poll())；
System.out.print("foreach 遍历：")；
for (Integere：pq) {
    System.out.print(e+"")；
}
System.out.println()；
System.out.print("迭代器遍历：")；
Iterator<Integer> iterator=pq.iterator()；
    while (iterator.hasNext(0)) {
            System.out.print(iterator.next()+" ")；
        }
    }
}
```

程序运行结果如下：

[-3，6，20，18]

poll：-3

foreach 遍历：6 18 20

迭代器遍历：6 1820

除此之外，Queue 还有一个 Deque 接口，Deque 代表一个双端队列，双端队列可以同时从两端来添加、删除元素。Deque 接口中定义了在双端队列两端插入、移除和检查元素的方法，其常用方法及功能如表 6-5 所示。

表 6-5 　　　　　　　　　　　　　Deque 接口中的常用方法及功能

常用方法	功能描述
void addFirst(E e)	将指定元素插入此双端队列的开头，插入失败将抛出异常
void addLast(E e)	将指定元素插入此双端队列的末尾，插入失败将抛出异常

（续表）

常用方法	功能描述
E getFirst()	获取但不移除此双端队列的第一个元素
E getLast()	获取但不移除此双端队列的最后一个元素
boolean offerFirst(E e)	将指定的元素插入此双端队列的开头
boolean offerLast(E e)	将指定的元素插入此双端队列的末尾
E peekFirst()	获取但不移除此双端队列的第一个元素,如果此双端队列为空,则返回 null
E peekLast()	获取但不移除此双端队列的最后一个元素,如果此双端队列为空,则返回 null
E pollFirst()	获取并移除此双端队列的第一个元素,如果此双端队列为空,则返回 null
E pollLast()	获取并移除此双端队列的最后一个元素,如果此双端队列为空,则返回 null
E removeFirst()	获取并移除此双端队列的第一个元素
E removelast()	获取并移除此双端队列的最后一个元素

Java 为 Deque 提供了 ArrayDeque 和 LinkedList 两个实现类。ArrayDeque 称为"数组双端队列",是 Deque 接口的实现类,其特点如下:

（1）ArrayDeque 没有容量限制,可以根据需要增加容量。

（2）ArrayDeque 不是基于线程安全的,在没有外部代码同步时,不支持多个线程的并发访问。

（3）ArrayDeque 禁止添加 null 元素。

（4）ArrayDeque 在用作堆栈时快于 Stack,在用作队列时快于 LinkedList。

下述代码示例了 ArrayDeque 实现类的使用,代码如下:

```
ArrayDequeExample. java
package com;
import java. util. * ;
public class ArrayDequeExample {
    public static void main(String[] args)
    {
    //使用泛型 ArrayDeque 集合
    ArrayDeque< String> queue=new ArrayDeque< >();
    //在队尾添加元素
    queue. offer("上海");
    //在队头添加元素
    queue. push("北京");
    //在队头添加元素
    queue. offerFirst("南京");
```

```
// 在队尾添加元素
queue.offerLast("重庆");
System.out.print("直接输出 ArrayDeque 集合对象："+queue);
System.out.println();
System.out.println("peek 访问队列头部的元素：" + queue.peek());
System.out.println("peek 访问后的队列元素：" + queue);
// System.out.println("－－－－－－－－－－－－－－－－－－－")
// poll 出第一个元素
System.out.println("poll 出第一个元素为："+queue.poll0);
System.out.println("poll 访问后的队列元素：" + queue);
System.out.println("foreach 遍历：");
// 使用 foreach 循环遍历
for (String str：queue) {
    System.out.print(str+"");
}
System.out.println();
System.out.println("迭代器遍历：");
// 获取 ArrayDeque 的迭代器
Iterator <String> iterator＝queue.iterator();
// 使用迭代器遍历
while (iterator.hasNext()) {
    System.out.print (iterator.next()+" ");
    }
    }
}
```

程序运行结果如下：

直接输出 ArrayDeque 集合对象：［南京，北京，上海，重庆］

peek 访问队列头部的元素：南京

peek 访问后的队列元素：［南京，北京，上海，重庆］

poll 出第一个元素为：南京

poll 访问后的队列元素：［北京，上海，重庆］

foreach 遍历：

北京 上海 重庆

迭代器遍历：

北京 上海 重庆

 6.2.5　Map 接口及其实现类

Map 接口是集合框架的另一个根接口，与 Collection 接口并列。Map 是以 key-value

键值对映射关系存储的集合。Map 接口中的常用方法及功能如表 6-6 所示。

表 6-6　　　　　　　　　　Map 接口中的常用方法及功能

常用方法	功能描述
void clear()	移除所有映射关系
boolean containsKey(Object key)	判断是否包含指定键的映射关系,包含则返回 true
boolean containsValue(Object key)	判断是否包含指定值的映射关系,包含则返回 true
Set<Map,Entry<K,r>> entrySet()	返回此映射中包含的映射关系的 Set 视图
V get(Object key)	返回指定键所映射的值,如果没有则返回 null
int hashCode()	返回此映射的哈希码值
boolean isEmpty()	判断是否为空,为空则返回 true
Set<K> keySet()	返回此映射中包含指定键的 Set 视图
V put(K key, V value)	将指定的值与此映射中的指定键关联
void putAll(Map <? extends K,? r> extends V> m)	从指定映射中将所有映射关系复制到此映射中
V remove(Object key)	移除指定键的映射关系
int size()	返回此映射中的关系数,即大小
r>Collection<V> values()	返回此映射中包含的值的 Collection 视图

HashMap 和 TreeMap 是 Map 体系中两个常用实现类,其特点如下:

(1) HashMap 是基于哈希算法的 Map 接口的实现类,该实现类提供所有映射操作,并允许使用 null 键和 null 值,但不能保证映射的顺序,即是无序的映射集合。

(2) TreeMap 是基于"树"结构来存储的 Map 接口实现类,可以根据其键的自然顺序进行排序,或定制排序方式。

下述代码演示了 HashMap 类的使用,代码如下:

```
HashMapExample.java
package com;
import java.util.HashMap;
public class HashMapExample {
    public static void main(String[] args) {
//使用泛型 HashMap 集合
HashMap<Integer, String> hm=new HashMap< >();
//添加数据,key-value 键值对形式
hm.put(1,"北京");
hm.put(2,"上海");
hm.put(3,"武汉");
hm.put(4,"重庆");
```

```
hm.put(5,"成都");
hm.put(null,null);
// 根据 key 获取 value
System.out.println(hm.get(1));
System.out.println(hm.get(3));
System.out.println(hm.get(5));
System.out.println(hm.get(null));
// 根据 key 删除
hm.remove(1);
// key 为 1 的元素已经删除,返回 null
System.out.println(hm.get());
    }
}
```

上述代码允许向 HashMap 中添加 null 键和 null 值,当使用 get()方法获取元素时,没用指定的键时会返回 null。程序运行结果如下:

北京

武汉

成都

null

null

下述代码演示了 TreeMap 类的使用,代码如下:

```
TreeMapExample.java
package com;
import java.util.TreeMap;
public class TreeMapExample {
    public static void main(String[] args) {
    // 使用泛型 TreeMap 集合
    TreeMap<Integer, String> tm=new TreeMap <>();
    // 添加数据,key-value 键值对形式
tm.put(1,"北京");
tm.put(2,"上海");
tm.put(3,"武汉");
tm.put(4,"重庆");
tm.put(5,"成都");
// tm.put(null, null);不允许 null 键和 null 值
// 根据 key 获取 value
System.out.println(tm.get(1));
```

```
System.out.println(tm.gt(3));
System.out.println(tm.get(5));
//根据 key 删除
tm.remove(1);
//key 为 1 的元素已经删除,返回 null
System.out.println(tm.get(1));
}
}
```

上述代码在使用 TreeMap 时,不允许使用 null 键和 null 值,当使用 get()方法获取元素时,没用指定的键时会返回 null。程序运行结果如下:

北京
武汉
成都
null

6.3 集合及数组工具类

在实际项目开发中,针对集合和数组的操作非常频繁,例如,将集合中的元素排序、从集合中查找某个元素、对数组进行排序、查找、复制、替换等。针对这些常见操作,JDK 提供了集合工具类 Collections 和数组工具类 Arrays,专门用来操作集合和数组,它们位于 java.util 包中。

这两个类提供了大量的静态方法,可以很方便地对集合和数组元素进行操作。推荐使用这些静态方法来完成集合和数组的操作,这样既快捷又不会发生错误。

6.3.1 Collections 工具类

集合工具类 Collections 提供了对集合进行排序、查找和替换等操作的静态方法。

1.排序操作

Collections 类中提供了一系列方法用于对 List 集合进行排序,如表 6-7 所示。

表 6-7　　　　　　　　　Collections 常用方法及功能 1

返回类型	方法声明	功能描述
static <T>	addAll(Collection<? super T> c, T...elements)	将所有指定元素添加到指定的 Collection 中
boolean	reverse(List<?>list)	反转指定列表中元素的顺序
static void	shuffle(List<?> list)	使用默认随机源对指定列表进行置换(模拟玩扑克牌中的"洗牌")

（续表）

返回类型	方法声明	功能描述
static void	sort（List＜T＞ list）	根据元素的自然顺序对指定列表按升序进行排序
static void	swap（List＜?＞ list，int i，int j）	将指定列表中 i 处元素和 j 处元素进行交换

下面通过例 6-1 来介绍表中各方法的使用。

▷ 例 6-1　用 Collections 工具类对集合排序。

```
import java.util. * ;
public class Ex6_1{
    public static void main(String[] args){
        ArrayList list＝new ArrayList();
        Collections.addAll(list,"C","H","E","N");    //添加元素
        System.out.println("排序前:"＋list);        //输出排序前的集合
        Collections.reverse(list);                //反转集合
        System.out.println("反转后:"＋list);
        Collections sort(list);                 //按自然顺序排列
        System.out.println("按自然顺序排序后:"＋list);
        Collections.shuffle(list);               //打乱顺序,洗牌
        System.out.println("洗牌后:"＋list);
    }
}
```

运行结果如图 6-3 所示。

```
排序前: [C, H, E, N]
反转后: [N, E, H, C]
按自然顺序排序后: [C, E, H, N]
洗牌后: [E, N, C, H]
```

图 6-3　例 6-1 运行结果

2.查找、替换操作

Collections 类还提供了一些常用方法用于查找、替换集合中的元素，如表 6-8 所示。

表 6-8　Collections 常用方法及功能 2

返回类型	方法声明	功能描述
static int	binarySearch（List list，Object key）	使用二分搜索法搜索指定列表,以获得指定对象的索引,查找的列表必须是有序的
static Object	max（Collection col）	根据元素的自然顺序,返回给定集合中最大的元素
static Object	min（Collection col）	根据元素的自然顺序,返回给定集合中最小的元素

（续表）

返回类型	方法声明	功能描述
static boolean	replaceAll（List list，Object oldVal，Object newVal）	使用 newVal 替换列表中所有的 oldVal

下面通过例 6-2 来演示如何查找、替换集合中的元素。

▶ 例 6-2　用 Collections 工具类对集合查找、替换元素。

```
import java.util. * ;
public class Ex6_2{
public static void main(String[]  args){
ArrayList list＝new ArrayList()；
Collections.addAll(list,－1,3,7,5,7)；
System.out.println("集合中的元素:"＋list)；
System.out.println("集合中的最小元素:"＋Collections.min(list))；
Collections.replaceAll(list,7,6)；        //将集合中的 7 用 6 替换掉
System.out.println("替换后的集合:"＋list)；
    }
}
```

运行结果如图 6-4 所示。

```
集合中的元素: [-1, 3, 7, 5, 7]
集合中的最小元素: -1
替换后的集合: [-1, 3, 6, 5, 6]
```

图 6-4　例 6-2 运行结果

6.3.2　Arrays 工具类

数组工具类 Arrays 提供了对数组元素进行排序、查找、复制、替换等操作的静态方法，如表 6-9 所示。

表 6-9　　　　　　　　　　　　Arrays 常用方法及功能

返回类型	方法声明	功能描述
static int	binarySearch（Object[]a，Object key）	使用二分查找法在指定的数组中查找指定的值。若找到，则返回该值的索引
static int[]	copyOfRange（int[] original，int from，int to）	将指定数组的指定范围复制到一个新数组
static void	fill（Object[]a，int fromIndex，int toIndex，Object val）	将指定的元素值分配给指定类型数组指定范围中的每个元素

(续表)

返回类型	方法声明	功能描述
static void	sort（Object[]a ）	根据元素的自然顺序对指定对象数组按升序进行排序
static String	toString（int[]a ）	返回指定数组内容的字符串表示形式

1.排序和查找数组元素

▷ 例 6-3   用 Arrays 工具类对数组进行排序和查找。

```
import java.util. * ;
public classEx6_3 {
    public static void main(String[]  args){
        int[] a＝{6,9.3,5,1 };   //初始化一个数据
        System.out.print("排序前:");
        printArray(a);         //打印原数组
        Arrays.sort(a);
    //调用 Arrays 的 sort 方法排序
        System.out.print("排序后:");
        printArray(a);
        System.out.print("请输入要查找的元素:");
    }
    public static void printArray(int[]a){      //定义打印数组方法
        System.out.print("[");
        for(int i＝0;i＜a.length;i＋＋){
        if(i ! ＝a.length－ 1){
            System.out.print(a[i]＋",");
        } else{
        System.out.println(a[i]＋",");
        } else{
        System.out.println(a[i]＋"]");
        }
        }
    }
}
```

运行结果如图 6-5 所示。

```
排序前: [6, 9, 3, 5, 1]
排序后: [1, 3, 5, 6, 9]
请输入要查找的元素: 6
```

图 6-5 例 6-3 运行结果

2.实现复制和填充数组元素

在程序开发中,有时只需要使用数组中的部分元素,这种情况可以使用 Arrays 工具类的 copyOfRange(int[] original,int from,int to)方法将数组中指定范围的元素复制到一个新的数组中,该方法的参数 original 表示被复制的数组,from 表示被复制元素的初始索引(包括),to 表示被复制元素的最后索引(不包括)。

如果需要用一个值填充数组中的所有元素,可以使用 Arrays 的 fill（Object[] a,Objectval)方法,该方法可以将指定的值赋给数组中的每一个元素,下面通过例 6-4 来介绍如何复制和填充数组元素。

▶ **例 6-4** 用 Arrays 工具类复制和填充数组元素。

```java
import java.util. * ;
public class Ex6_4{
public static void main(String[]   args){
    int[]a={6,9,3,5,1 };
    int[]b=Arrays.copyOfRange(a,1,7);      //复制数组 a 指定元素到数组 b
    for(int i=0;i<b.length;i++){      //遍历输出数组 b
    System.out.rit([1]+"");
}
System.out.println();
Arrays.fill(b,4,6,7);               //用 7 填充数组中最后两个值
for(int i=0;i<b.length;i++){              //遍历输出数组 b
    System.out.print([b]+"");
    }
  }
}
```

运行结果如图 6-6 所示。

```
9 3 5 1 0 0
9 3 5 1 7 7
```

图 6-6 例 6-4 运行结果

▶ **例 6-5** 学生成绩排序程序设计。

教师经常需要对学生的考试成绩进行整理和排序。本案例要求使用所学知识编写一个学生成绩排序程序。该程序可以将录入的学生成绩保存到集合中,进行备份、升序排序、反转顺序等操作。

通过对案例描述的分析可知,需要在程序中用一个集合对象存放学生成绩,并对该集合进行复制、排序、反转操作,然后遍历输出集合元素值。可以使用 ArrayList 集合保存数据,并使用集合工具类 Collections 的静态方法完成对所需的集合操作。

(1)定义成绩集合类 GradeList,该类包含用于保存学生成绩的 ArrayList 集合对象作为成员变量,在构造方法中创建集合对象。

（2）在 Gradelist 类中定义成员方法 add()用于录入学生成绩；sort()用于将成绩升序排序；reverse()用于反转集合中成绩的顺序；copy()用于复制集合中的元素。

（3）最后编写测试类，在其 main()方法中创建 GradeList 对象，输入一组学生成绩，对其进行备份、升序排序、反转顺序等操作。

```
成绩集合类 GradeList
// GradeListTest
import java.util. * ;
Class GradeList
{
    ArrayList  gradeArray;       // 存放成绩的集合
    List    gradeCopy;
        GradeList(){           // 构造方法
            gradeArray＝new ArrayList();
        }
// 向 ArayList 添加元素
void add(){
    int n＝0;
    System.out.println("请输入学生成绩，输入－1 结束：");
    Scanner sc＝new Scanner(System.in);
        n＝sc.nextInt();       // 将键盘输入的数据赋给 n
        while(n! ＝－1){
            gradeArray.add(n);
            n＝sc.nextInt();
        }
System.out.println("输入结束，成绩列表为："＋gradeArray);
    }


// 对 ArrayList 进行排序
void sort(){
    Collections.sort(gradeArray);
    System.out.println("成绩列表(排序)："＋gradeArray);
    }
// 反转 ArrayList
void reverse(){
    Collections.reverse(gradeArray);
    System.out.println("成绩列表(反转)："＋gradeArray);
    }
// 复制到另一个 List
void copy(){
```

```
        System.out.println("*将内容复制到另一个数组*");
        if(! gradeArray.isEmpty()){
            gradeCopy=new ArrayList(gradeArray);
            System.out.println("gradeCopy:"+gradeCopy);
    }
    else
    {
            System.out.println("gradeArray 为空!");
        }
      }
    }
```

测试类 GradeListTest

```
//GradeListTet.java
public class GradeListTest{
        public static void main(String[]  args)
        {
            GradeList glist=new GradeList();
            int n;
            glist.add();
            glist.copy();
            glist.sort();
            glist.reverse();
        }
}
```

运行结果如图 6-7 所示。

```
请输入学生成绩，输入-1结束：
81
72
93
55
66
-1
输入结束，成绩列表为：[81, 72, 93, 55, 66]
*将内容复制到另一个数组*
gradeCopy:[81, 72, 93, 55, 66]
成绩列表（排序）：[55, 66, 72, 81, 93]
成绩列表（反转）：[93, 81, 72, 66, 55]
```

图 6-7　案例 6-5 运行结果

思考与练习

❶ 下列不属于 Collection 子接口的是(　　)。

　　A.List　　　　　　　　B.Map　　　　　　　C.Queue　　　　　D.Set

❷ Collection 接口的特点是元素是_____无序可重复_____。

❸ List 接口的特点是元素_____(有|无)顺序,_____(可以|不可以)重复。

❹ Set 接口的特点是元素_____(有|无)顺序,_____(可以|不可以)重复。

❺ Java 中的集合类包括 ArrayList、LinkedList、HashMap 等类,下列关于集合类描述错误的是(　　)。

　　A.ArrayList 和 LinkedList 均实现了 List 接口

　　B.ArrayList 的访问速度比 LinkedList 快

　　C.添加和删除元素时,ArrayList 的表现更佳

　　D.HashMap 实现 Map 接口,它允许任何类型的键和值对象,并允许将 null 用作键或值

第7章
Java 流式 I/O 技术

本章思政目标

7.1 流式 I/O 概述

7.1.1 Java I/O 简介

输入/输出处理是程序设计中非常重要的环节,如从键盘或传感器读入数据、从文件中读取数据或向文件中写入数据、从网络中读取或写入数据等。同类型的输入、输出抽象为"流",所有的输入/输出以流的形式进行处理。

"流"是一个很形象的概念,指连续的单项的数据传输。流用来连接数据传输的起点与终点,是与具体设备无关的一种中间介质。当程序需要读取数据的时候,就会创建一个通向数据起点(数据源)的输入流,这个数据源可以是:键盘、文件或网络连接;当程序需要写入数据的时候,则创建一个通向数据终点(目的地)的输出流。

需要注意的是,这里的输入/输出是相对于程序而言的。从输入流中读取(read)数据到程序称为"输入",而从程序向输出流中写入(write)数据称为"输出",如图 7-1 所示。

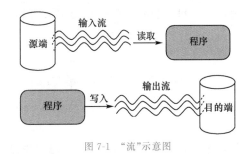

图 7-1 "流"示意图

7.1.2 I/O 流的分类

Java 提供了丰富的流类以支持各种输入/输出功能,这些流类都位于 java.io 包中,称为 I/O 流类。I/O 流类有很多种,从不同角度考虑可以分成不同的类别:按照流操作数据的不同,可以分为字节流和字符流,字节流所操作的数据都是以字节(8bit)的形式传输,而字符流所操作的数据都是以字符(16bit)的形式传输。按照传输的方向不同又可以分为输入流和输出流,程序从输入流中读取数据,向输出流中写入数据。I/O流分类如图7-2所示。

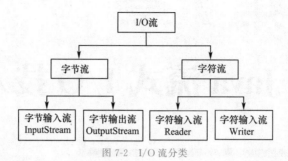

图7-2 I/O流分类

字节输入流 InputStream、字节输出流 OutputStream、字符输入流 Reader 和字符输出流 Writer 都是抽象类,所有的 I/O 流类都是从它们派生而来的。这些派生的 I/O 流类按照流是否直接与特定的数据源或目的相连,又可以分为节点流和处理流(也叫过滤流)。节点流与特定的数据源或目的(节点)直接相连,并从节点读写数据;而处理流是对一个已存在的流进行封装和处理,通过处理流的功能调用实现数据读/写。

7.2 文件操作类

7.2.1 文件类 File

文件类 File 是很重要的一个类,在进行 I/O 操作时,经常使用的就是文件操作。它用来完成文件和目录的管理。此类提供了一系列的实用函数用来完成常用的功能,比如创建目录、创建临时文件、删除文件、获得文件的大小、修改日期和路径等。

需要注意的是,File 既可以表示文件,也可以表示目录,当给定一个 File 对象时,并不能确定它到底是文件还是目录,不过可以使用 isDirectory()和 isFile()函数来判断。File 类的常用函数介绍如下。

1.构造函数

public File(String pathname):通过将给定路径名字符串 pathname 转换为抽象路径名来创建一个新 File 实例。如果给定字符串是空字符串,那么结果是空抽象路径名。注意:如果所给路径不存在,不会自动创建。

public File(String parent,String child):根据 parent 路径字符串和 child 路径字符串创建一个新 File 实例。parent 路径名字符串用于表示父目录,child 路径名字符串用于表示子目录或文件名。如果 parent 为 null,则与调用 File(child)的效果一样。

public File(File parent,String child):根据 parent 抽象路径名和 child 字符串创建一个新 File 实例。

2.常用的成员函数

public String getName():返回文件的名字(如果是目录则返回目录名),但不包括路径名。

public String getParent():返回文件的路径名,不含文件名。

public String getAbsolutePath():返回文件的绝对路径名,包含文件名。

public boolean canRead():是否可读。当且仅当此文件存在且可被应用程序读取时,返回 true;否则返回 false。

public boolean exists():测试此文件或目录是否存在。

public long getFreeSpace():返回此路径名所在分区的空闲字节数。

public boolean isDirectory():测试此抽象路径名表示的文件是否是一个目录。

public boolean isFile():测试此抽象路径名表示的文件是否是一个文件。

public boolean isHidden():测试此抽象路径名指定的文件是否是一个隐藏文件。注意:隐藏的具体定义与系统有关。在 UNIX 系统上,如果文件名以句点字符('.')开头,则认为该文件被隐藏。在 Microsoft Windows 系统上,如果在文件系统中文件被标记为隐藏,则认为该文件被隐藏。

public long lastModified():返回文件最后一次被修改的时间(Java 中的时间用 long 类型的整数表示)。

public long length():返回文件的长度。如果是目录,则返回值不确定。

public boolean createNewFile()throws IOException:创建新文件。若指定的文件不存在并成功创建,返回 true;若文件已经存在,则返回 false。

public boolean mkdir():创建此抽象路径名指定的目录。

pubic boolean delete():删除文件或目录。注意:当表示一个目录时,该目录为空才能删除。

public String[] list():返回此目录中的文件和子目录名称。如果该对象是一个文件,则返回 null。

public String[] list(FilenameFilter filter):和上个函数功能类似,只返回符合给定过滤器条件的文件和子目录名。

▶ 例 7-1   输出文件的相关信息。

```java
import java.io.File;
public class L7_1{
    public static void main(String[] args) {
        File f=new File("f:\\1.xIs");
        System.out.println("文件的完整路径为:"+f.getAbsolutePath());
        System.out.println("所在磁盘剩余空间为(字节):"+f.getFreeSpace());
        System.out.println("文件名:"+f.getName());
        System.out.println("文件父路径为:"+f.getParent ());
```

```
        System. out. println("所在磁盘总容量为(字节)： "+f. getTotalSpace());
        System. out. println("文件大小为(字节)："+f. length());
    }
}
```

运行的结果会根据所在机器的配置不同而不同,一个可能的结果如图 7-3 所示。

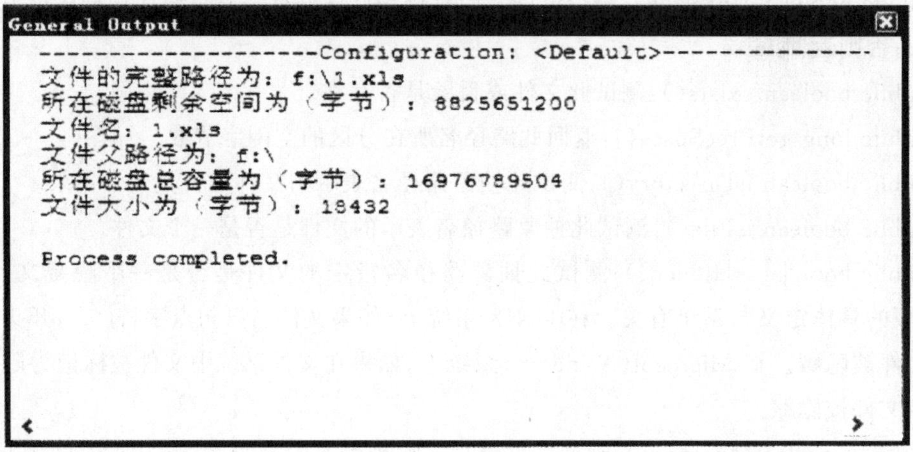

图 7-3 例 7-1 运行结果 1

需要注意的是,在运行本程序时,如果 F 盘没有 1. xls,那么运行结果将出现异常。如图 7-4 所示,出现磁盘空间为 0。

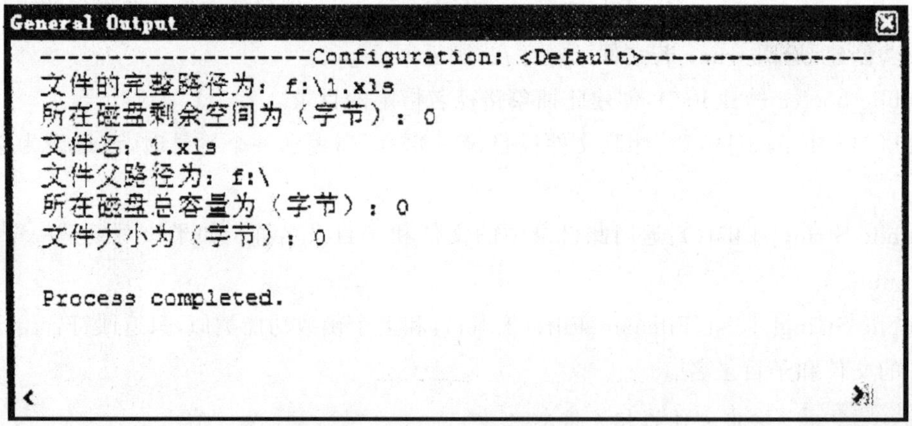

图 7-4 例 7-1 运行结果 2

7.2.2 文件过滤器接口

Java 提供了两个接口来实现对文件名的过滤,它们是 FileFilter 和 FilenameFilter。这两个接口的功能和使用方法都很类似,就是实现接口中的 accept 方法。例如,FileFilter 是这样的:boolean accept(File file),而 FilenameFilter 却是以下的样子:boolean accept(File directory,String name)。

> **例 7-2** 列出 F 盘所有扩展名为"xls"的文件。

```java
import java.io.File；
import java.io.FileFilter；
    public class L7_2 implements FileFilter
    {
        private String extension；
        {
                this.extension＝extension；
}
public boolean accept(File file)
{
    if (file.isDirectory()
    {
      return false；
    }
    String name＝file.getName()；
    int index＝name.lastIndexOf("."）；
    if (index＝－1)
    {
      return false；
    }else if (index＝＝name.length()－ 1)
     {
      return false；
    }else{
      return this.extension.equals(name.substring(index ＋ 1)）；
    }
}
public static void main(String[]  args)
{
    String dir＝"f:\\"；
    File file＝new File(dir)；
    File[]files＝file.listFiles(new ExtensionFileFilter("xls")）；
    for(File file2：files)
    {
      System.out.println(file2.getName())；
    }
  }
}
```

根据 F 盘文件的不同,输出结果也不尽相同,一个可能的结果如图 7-5 所示。

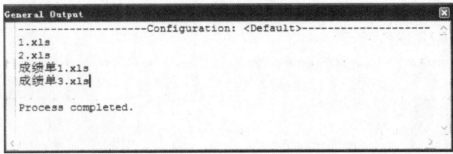

图 7-5 例 7-2 运行结果

7.2.3 文件对话框组件

FileDialog 类显示一个对话框窗口,从 Dialog 类继承而来,用户可以从中选择文件。它是一个模式对话框,当应用程序调用其 show(或者是 setVisible)方法来显示对话框时,它将阻塞其余应用程序,直到用户选择一个文件。

FileDialog 类有两个静态的属性:

static int LOAD:用来说明文件对话框窗口的作用是查找要读取的文件。

static int SAVE:说明文件对话框窗口的作用是查找要写入的文件。

FileDialog 类有六个构造方法,介绍其中三个,另外三个和它们类似。

public FileDialog(Frame parent):创建一个文件对话框,用于加载文件。文件对话框的标题最初是空的。等价于 FileDialog(parent,"",LOAD)。

public FileDialog(Frame parent,String title):创建一个具有指定标题的文件对话框窗口,用于加载文件。等价于:FileDialog(parent,title,LOAD)。

public FileDialog(Dialog parent,string title,int mode):创建一个具有指定标题 title 的文件对话框,用于加载或保存文件。如果 mode 的值为 LOAD,则为加载窗口;如果 mode 的值为 SAVE,则用于保存文件。

需要注意,所有的文件对话框都必须指明它们的 parent,即父窗口,也就是说它们必须依附于一个 Frame 或 Dialog 而不能独立存在。

FileDialog 的常用方法:

public void setDirectory(String dir):设置文件对话框打开的路径为 dir。

public void getDirectory():得到文件对话框的当前打开路径。

public void setMode(int mode):设置文件对话框的模式。如果 mode 不是一个合法值,则抛出一个异常,并且不设置 mode。

public int getMode():得到对话框的模式,即是用于加载还是保存。

此外还有很多从其父类继承下来的方法,不再一一介绍。

除了 java.awt 包中的 FileDialog 类,javax.swing 包中的 JFileChooser 类也可以完成类似的功能,并且功能更强。

7.2.4 随机存取文件

前面讲述了 InputStream 和 OutputStream 及它们的子类,这些类的实例即输入输出流,要么只能读要么只能写,并且都是采用顺序访问的方式。这在实际的使用中往往是不能满足要求的,因为往往要求根据读到的内容进行相应的写操作。本节所介绍的随机存取文件类可以满足这些要求。

RandomAccessFile 类能够在文件的任何位置进行数据的查找或写入,它同时实现了 DataInput 和 DataOutput 接口。因此使用 RandomAccessFile,类似于组合使用了 DataInputStream 和 DataOutputStream。

RandomAccessFile 的实现原理是:随机访问文件好像是将文件看作一个大型的 byte 数组,并且存在指向该隐含数组的索引即文件指针。输入操作从文件指针开始读取字节,并随着对字节的读取而前移此文件指针。输出操作从文件指针开始写入字节,并随着对字节的写入而前移此文件指针。该文件指针可以通过 getFilePointer 方法读取,并可通过 seek 方法设置。

它的构造函数为:

public RandomAccessFile(File file,String mode):创建文件 file 的随机访问文件流。该文件是否可以同时读写由 mode 决定,mode 的取值及含义如下:

"r":以只读方式打开。此时使用任何 write 方法都将导致抛出 IOException。

"rw":同时允许读取和写入。如果该文件尚不存在,则尝试创建该文件。

"rws":同时允许读取和写入,并且还将对文件的内容或元数据的每个更新都同步写入底层存储设备。

"rwd":同时允许读取和写入,并且对文件内容的每个更新都同步写入底层存储设备。

成员函数:

public long getFilePointer():返回此文件的当前偏移量,它的值等于从文件头算起的绝对位置。

public long length():返回文件的长度,以字节计算。

public void seek(long pos):设置文件指针偏移量,位置 pos 从文件开头算起。

7.3 字节流与字符流

7.3.1 字节流

1.InputStream

InputStream 是所有字节输入流的父类。在 InputStream 类中包含的每个方法都会被所有字节输入流类继承,通过将读取以及操作数据的基本方法都声明在 InputStream 类内部,使每个子类根据需要覆盖对应的方法,表 7-1 列出了其中常用的方法及说明。

表 7-1　　　　　　　　　　　　InputStream 的常用方法及说明

方法声明	功能描述
int read()	从输入流中当前位置读入一个字节的二进制数据,把它转换为 0～255 的整数,并返回这一整数,若输入流中当前位置没有数据,则返回−1
int read(byte b[])	从输入流中的当前位置连续读入多个字节保存在数组中,并返回所读取的字节数
int read(byte b[], int off, int len)	从输入流中当前位置连续读 len 长的字节,从数组第 off＋1 个元素位置处开始存放,并返回所读取的字节数
void close()	关闭输入流

默认情况下,对于输入流内部数据的读取都是单向的,也就是只能在输入流中从前向后读,已经读取的数据将从输入流内部删除。如果需要重复读取流中同一段内容,则需要使用流类中的 mark 方法进行标记,然后才能重复读取。

2.OutputStream

OutputStream 是所有的字节输出流的父类。在实际使用时,一般使用该类的子类进行编程,但是该类内部的方法是实现字节输出流的基础,表 7-2 列出了其中常用的方法及说明。

表 7-2　　　　　　　　　　　　OutputStream 的常用方法及说明

方法声明	功能描述
void write(int b)	将参数 b 的低位字节写入输出流
void write(byte b[])	按顺序将数组 b[]中的全部字节写入输出流
void write(byte b[], int off, int len)	从按顺序将数组 b[]中第 off＋1 个元素开始的 len 个数据写入输出流
void close()	关闭输出流

输出流类负责把对应的数据写入数据源中,在写数据时,进行的操作分两步实现:第一步,将需要输出的数据写入流对象中,数据的格式由程序员进行设定,该步骤需要编写代码实现;第二步,将流中的数据输出到数据源中,该步骤由 API 实现,程序员不需要了解内部实现的细节,只需要构造对应的流对象即可。

在实际写入流时,流内部会保留一个缓冲区,会将程序员写入流对象的数据首先暂存起来,然后在缓冲区满时将数据输出到数据源。当然,当流关闭时,输出流内部的数据会被强制输出。

字节输出流中数据的单位是字节,在将数据写入流时,一般情况下需要将数据转换为字节数组进行写入。

3.字节流读写文件

由于计算机中的数据基本都保存在硬盘的文件中,因此操作文件中的数据是一种很常见的操作。在操作文件时,最常见的操作就是从文件中读取数据并将数据写入文件,即文件的读写。针对文件的读写,JDK 专门提供了两个类,分别是 FileInputStream 和 FileOutputStream,FileInputStream 是 InputStream 的 子 类,FileOutputStream 是 OutputStream 的子类。以下通过一个例子说明文件内容的复制。

> **例 7-3**　字节流文件复制。

```
import java.io. *
class Example_0703
{
public static void main(String[] args)
{
Try
{
// 使用 FileInputStream 和 FileOutputStream 进行文件复制
// 创建一个文件字节输入流,用于读取当前目录下的 a.txt
FileInputStream fis＝new FileInputStream("src.txt");
// 创建一个文件字节输出流,用于将读取的数据写入当前目录下的 b.txt
FileOutputStream fos＝new FileOutputStream("des.txt");
int b;
// 读取一个字节并判断是否读到文件末尾
while((b＝fis.read())! ＝－1)
{

fos.write(b); // 将读到的字节写入文件.
}
fis.close();
fos.close();
}
catch (IOException e)
{
e.printStackTrace();
} .
}
}
}
```

　　例 7-3 虽然实现了文件的复制,但是一个字节一个字节地读写,需要频繁地操作文件,效率非常低,因此可以定义一个字节数组作为缓冲区,一次性读取多个字节的数据,并保存到字节数组中,然后将字节数组中的数据一次性输入文件。

7.3.2 字符流

1.Reader

字符输入流体系是对字节流体系的升级,在子类的功能实现上基本和字节输入流体系中的子类一一对应,但是由于字符输入流内部设计方式的不同,使得字符输入流的执行效率要比字节输入流体系高一些,在遇到类似功能的同时,可以优先选择使用字符输入流体系中的类,从而提高程序的执行效率。

面向字符的输入流类都是 Reader 的子类,表 7-3 列出了其中常用的方法及说明。

表 7-3   Reader 的常用方法及说明

方法声明	功能描述
int reader()	从输入流中读取一个字符
int reader(char[] ch)	从输入流中读取字符数组
void close()	关闭输入流

2.Writer

字符输出流体系是对字节输出流体系的升级,在子类的功能实现上基本上和字节输出流保持一一对应。但由于该体系中的类设计得比较晚,所以该体系中的类执行的效率要比字节输出流中对应的类效率高一些。在遇到类似功能的同时,可以优先选择使用该体系中的类进行使用,从而提高程序的执行效率。

Writer 体系中的类和 OutputStream 体系中的类,在功能上是一致的,最大的区别就是 Writer 体系中的类写入数据的单位是字符(char),也就是每次最少写入一个字符(两个字节)的数据,在 Writer 体系中写数据的方法都以字符作为最基本的操作单位。

面向字符的输出流都是类 Writer 的子类,表 7-4 列出了其中常用的方法及说明。

表 7-4   Writer 的常用方法及说明

方法声明	功能描述
void writer(int c)	将单一字符 c 输出到流中
void writer(String str)	将字符串 str 输出到流中
void writer(char[] ch)	将字符数组 ch 输出到流中
void writer(char[] ch, int offset, int length)	将一个数组内自 offset 起到 length 长的字符输出到流
void close()	关闭输出流

3.字符流读写文件

如果想从文件中直接读到字符,可以使用字符输入流 FileReader ,通过此流可以从关联文件中读取一个或一组字符,当然也可以使用 FileWrite 向文件中写入字符。字符流提供了带缓冲区的流分别是 BufferedReader 和 BufferedWriter,以下通过一个例子说明文件内容的复制。

> 例 7-4　字符流文件复制。

```
import java.io. *
class Example_0704
{
        //首先创建读取字符数据流对象关联所要复制的文件
        //创建缓冲区对象关联流对象
        //从缓冲区中将字符创建并写入要目的文件中

    public static void main(String[] args) throws IOE exception
    {
        FileReader fr＝new FileReader("src.txt") ;
        FileWriter fw＝new FileWriter("des.txt")
        BufferedReader bufr＝new BufferedReader(fr);
        BufferedWriter bufw＝new BufferedWriter(fw);
        //一行一行地写
        String line＝null;
        while((line＝bufr.readLine()) !＝null)
        {
            bufw.write(line);
            bufw.newLine();
            bufw.flush();
        }
        bufr.close();
        bufw.close();
    }
}
```

7.4　其他 I/O 流

7.4.1　PrintStream

　　打印流用于将数据进行格式化输出,打印流在输出时会进行字符格式转换,默认使用操作系统的编码进行字符转换。该流定义了许多 print()方法用于输出不同类型的数据,同时每个 print()方法又定义了相应的 println()方法,用于输出带换行符的数据。打印流分为字节打印流 PrintStream 和字符打印流 PrintWrite 两种。

　　PrintStream 类的常用构造方法如下。

　　PrintStream(File file):创建指定文件且不带自动刷新的新 PrintStream。

PrintStream(String filename)：创建指定文件名称且不带自动刷新的新 PrintStream。

PrintStream(File file，String csn)：创建指定文件和字符集且不带自动刷新的新 PrintStream。

PrintStream(OutputStream out)：使用 OutputStream 类型的对象创建 PrintStream。

PrintWriter 类的常用构造方法有 4 个。

PrintWriter(File file)：创建指定文件且不带自动刷新的新 PrintWriter。

PrintWriter(String filename)：创建指定文件名称且不带自动刷新的新 PrintWriter。

PrintWriter(File file，String csn)：创建指定文件和字符集且不带自动刷新的新 PrintWriter。

PrintWriter(OutputStream out)：使用 OutputStream 类型的对象创建 PrintWriter。

PrintStream 类和 PrintWriter 类的常用方法及功能相同，如表 7-5 所示。

表 7-5　　　　　　　　　PrintStream 类和 PrintWriter 类的常用方法及功能

返回值类型	方法声明	功能
void	print(int i)	输出 int 类型数据
void	print(float f)	输出 float 类型数据
void	print(String s)	输出 String 类型数据
void	print(Object o)	输出 Object 类型数据
void	println(int i)	输出 int 类型数据及换行符

▷ 例 7-5　使用 PrintWriter 类写文本文件。

```
import java.io. * ;
public class Ex7_5
{
    public static void main(String args[])throws IOException
    {
        FileWriter fw＝new FileWriter("d:/1/test.txt");
        PrintWriter pw＝new PrintWriter(fw);
    pw.println('a);
    pw.print('＝);
    pw.print(12);
    pw.println("This is a test");
    pw.close();
    }
}
```

运行结果如图 7-6 所示。

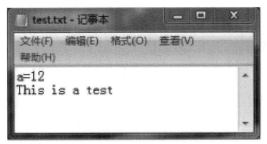

图 7-6　例 7-5 运行结果

7.4.2　对象输入/输出流

程序运行时,会在内存中创建多个对象,然而程序结束后,这些对象便被当作垃圾回收了。如果希望永久保存这些对象,则可以将对象转为字节数据写入硬盘上,这个过程称为对象序列化。为此,JDK 提供了 ObjectOutputStream(对象输出流)来实现对象的序列化。当对象进行序列化时,必须保证该对象实现 Serializable 接口,否则程序会出现 NotSerialzableException 异常。

使用对象流写入或读出对象时,要保证对象是序列化的。这是为了保证能把对象写入文件,并能再把对象读回到程序中。一个类如果实现了 Serializable 接口,那么这个类创建的对象就是所谓序列化的对象。所谓"对象序列化",简单一句话:使用它可以像存储文本或者数字一样简单地存储对象。

如果程序在执行过程中突然遇到断电或者其他的故障导致程序终止,那么对象当前的工作状态也会丢失,这对于有些应用来说是可怕的。用对象序列化就可以解决这个问题,因为它可以将对象的全部内容保存于磁盘的文件,这样对象执行状态也就被存储了,到需要时还可以将其从文件中按原样再读取出来,这样就解决了数据丢失问题。对象序列化可以这样简单实现:为需要被序列化的对象实现 Serializable 接口,该接口没有需要实现的方法,implements Serializable 只是为了标注该对象是可被序列化的,然后使用一个输出流(如 FileOutputStream)来构造一个 ObjectOutputStream（对象流）对象,接着使用 ObjectOutputStream 对象的 writeObject(Object obj)方法就可以将参数为 obj 的对象写出(保存其状态),要恢复的话则用输入流。

> **例 7-6**　将 Student 对象序列化,保存在硬盘上。

```
import java.io. * ;
public class Ex7_6{
    public static void main(String[]    args )throws Exception
    {
        Student p＝new Student("n1", "lihua" ,22);
        //创建一个 Person 对象
        System.out.println("——————————写入文件前——————————");
        System.out.println("Student 对象的 id:"+p.getId());
```

```
            // 打印 Student 对象的 id
            System.out.println("Student 对象的 name:"+p.getName());
            // 打印 Student 对象的 name
            System.out.println("Student 对象的 age:"+ p.getAge());
            // 打印 Student 对象的 age
            // 创建文件输出流对象,将数据写入 ob.txt 文件中
            FileOutputStream fos＝new FileOutputStream("ob.txt");
            // 创建对象输出流对象,用于处理输出流对象写入的数据
            ObjectOutputStream oos＝new ObjectOutputStream(fos);
            // 将 Person 对象输出到输出流中
            oos.writeObject(p);
    }
}
class Student implements Serializable
{
    private String id;
    private String name;
    private int age;
    public Student(String id,String name,int age)
    {
        super();
        this.id＝id;
        this.name＝name;
        this.age＝age;
    }
    public String getId()
    {
        return id;
    }
    public String getName()
    {
        return name;
    }
    public int getAge()
    {
        return age;
    }
}
```

程序运行结果如图 7-7 所示。

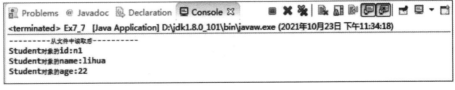

图 7-7　例 7-6 程序运行结果

例 7-6 中，首先将 Student 对象进行实例化，然后通过调用 ObjectOutputStream 的 writeObject(Object obj)方法将 Student 对象写入 ob.txt 文件中，从而将 Student 对象的数据永久地保存在文件中，这个过程就是对象的序列化。当程序运行结束后，会发现在当前目录下自动生成了一个 ObjectStream.txt 文件，该文件便记录了 Student 对象的数据。

Student 对象被序列化后会生成二进制数据保存在 ob.txt 文件中，通过这些二进制数据可以恢复序列化之前的 Java 对象，此过程称为反序列化。JDK 提供了 ObjectInputStream 类(对象输入流)，它可以实现对象的反序列化。接下来通过例 7-7 来演示。

> 例 7-7　对象反序列化实例。

```java
import java.io. * ;
public class Ex7_7{
    public static void main(String[]    args )throws Exception{
//创建文件输入流对象,用于读取指定文件的数据
FileInputStream fis= new FileInputStream("ob.txt");
//创建对象输入流,并且从指定的输入流中读取数据
ObjectInputStream ois= new ObjectInputStream(fis);
// 从 ObjectStream.txt 中读取 Person 对象
Student p= (Student)ois.readObject();
System.out.println("—————————从文件中读取后—————————");
System.out.println("Student 对象的 id:"+p.getId());
System.out.println("Student 对象的 name:"+p.getName());
System.out.println("Student 对象的 age:"+p.getAge());
}
}
```

运行结果如图 7-8 所示。

图 7-8　例 7-7 运行结果

例 7-7 中，通过调用 ObjectInputStream 的 readObject()方法将文件 objectStream.txt 的 Person 对象读取出来，这个过程就是反序列化。通过图 7-6 和图 7-7 的比较，发现 Student 对象写入前的属性值和读取后的属性值是一致的，这说明写入文本文件的数据被正确地读取出来了。

思考与练习

❶ 下列数据流中,属于输入流的是( )。

A.从内存流向硬盘的数据流 B.从键盘流向内存的数据流

C.从键盘流向显示器的数据流 D.从网络流向显示器的数据流

❷ Java 语言中提供输入输出流的包是( )。

A.java.sql B.java.util C.java.math D.java.io

❸ 下列流中哪一个使用了缓冲区技术?( )。

A.BufferedOutputStream B.FileInputStream

C.DataOutputStream D.FileReader

❹ 下列说法中,错误的是( )。

A.FileReader 用于文件字节流的读操作

B.PipedInputStream 用于字节流管道流的读操作

C.Java 的 I/O 流包括字符流和字节流

D.DataInputStream 创建的对象被称为数据输入流

❺ 要在磁盘上创建一个文件,可以使用哪些类的实例?( )。

A.File B.FileOutputStream

C.RandomAccessFile D.以上都对

第 8 章

多线程

本章思政目标

8.1 多线程的基本概念

8.1.1 多线程简述

在开始介绍多线程技术之前,先来看看什么是多任务(Mulitasking)操作系统(图 8-1)。多任务操作系统能同时运行多个进程(程序)——但实际是由于 CPU 分时机制的作用,使每个进程都能循环获得自己的 CPU 时间片。但由于轮换速度非常快,使得所有程序好像是在"同时"运行一样。例如,使用计算机进行网上购物时,可以边听音乐边观看 TV,这里涉及多个进程:播放音乐的进程,播放 TV 的进程,当然还有运行浏览器的进程。

图 8-1　多任务操作系统

在只有一块 CPU 的计算机上,实际上,是无法同时运行多个进程的,这里是 CPU 在交替轮流执行多个进程,看上去就像多个程序在同时运行一样。然而,在某一时刻,CPU 执行的进程其实只有一个,如图 8-2 所示。

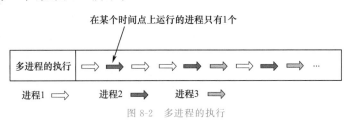

图 8-2　多进程的执行

在一个进程内部也可以同时运行多个任务,我们将一个进程内部运行的每个任务都称为一个线程(thread)。线程是进程内部的单一的一个顺序控制流,即程序的一条执行路径,一个进程内可以拥有多个并发执行的线程,称之为多线程(Multi-Thread)。这些线程共享一块内存空间和一组系统资源,而单个线程是不能单独拥有资源的。多线程操作它们的共享资源时会相互影响。

虽然在感觉上,多个线程是在同时运行,事实上,在某一时间点上,CPU 运行的线程只有一个,如图 8-3 所示。

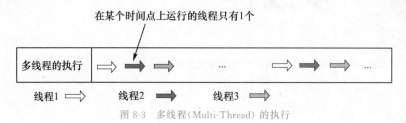

图 8-3 多线程(Multi-Thread)的执行

8.1.2 Java 中的多线程

在 Java 语言中,线程通过 java.lang.Thread 类进行定义和实现,在该类中封装了虚拟的CPU 来进行线程操作控制。程序中的线程都是 Thread 类的实例。因此用户可以通过创建Thread 的实例或定义并创建 Thread 子类的实例建立和控制自己的线程。

8.2 多线程的实现机制

Java 提供了线程类 Thread 来创建多线程的程序。其实,创建线程与创建普通的类的对象的操作是一样的,线程就是 Thread 类或其子类的实例对象。

每个 Thread 对象描述了一个单独的线程。要产生一个线程,有两种方法:

- 从 Java.lang.Thread 类派生一个新的线程类,重写它的 run()方法。
- 实现 Runnable 接口,重写 Runnable 接口中的 run()方法。

8.2.1 继承 Thread 类创建多线程

在 Java 语言中,用 Thread 类或子类创建线程对象。在编写 Thread 类的子类时,需要重写父类的 run()方法,其目的是规定线程的具体操作,否则线程就什么也不做,因为父类的 run()方法中没有任何操作语句。

通过例 8-1 演示继承 Thread 类创建多线程的方式。假设一个影院有 3 个售票口,分别用于向儿童、成人和老人售票,影院在每个窗口放 50 张电影票,分别是儿童票、成人票和老人票。3 个窗口需要同时卖票,而现在只有一个售票员,这个售票员就相当于一个 CPU,3个窗口就相当于 3 个线程。通过程序来看一看是如何创建这 3 个线程的。

> **例 8-1**　　继承 Thread 类创建多线程。

```
public class MutliThread extends Thread {
    private int ticket＝50;//每个线程都拥有50张票
    public MutliThread (String name){
        super(name);
    }
    public void run(){
    //重写 run()方法
        while(ticket>0){
        System.out.println(ticket－－ +" is saled by "＋Thread.currentThread( ).getName
());
        }
    }
}
public class Ex8_1 {
    public static void main(String[] args)
    {
        MutliThread ml＝new MutliThread("儿童窗口");
        //创建线程
        MutliThread m2＝new MutliThread("成人窗口");
        MutliThread m3＝new MutliThread("老年窗口");
        ml.start();
        //启动线程
        m2.start();
        m3.start();
    }
}
```

程序运行的部分结果如图 8-4 所示。

```
50 is saled by 儿童窗口
50 is saled by 老年窗口
50 is saled by 成人窗口
49 is saled by 老年窗口
49 is saled by 儿童窗口
48 is saled by 老年窗口
49 is saled by 成人窗口
47 is saled by 老年窗口
46 is saled by 老年窗口
45 is saled by 老年窗口
44 is saled by 老年窗口
43 is saled by 老年窗口
```

图 8-4　例 8-1 程序运行的部分结果

利用扩展的线程类 MultiThread 在 Ex8_1 类的主方法中创建了 3 个线程对象,并将它们启动。从结果可以看到,每个线程分别对应 50 张电影票,之间并无任何关系,这就说明每个线程之间是平等的,没有优先级关系,因此都有机会得到 CPU 的处理。但是结果显示这 3 个线程并不是依次交替执行,而是在 3 个线程同时被执行的情况下,有的线程被分配时间片的机会多,票被提前卖完,而有的线程被分配时间片的机会比较少,票迟一些卖完。其中,Thread.currentThread()表示返回当前正在使用 CPU 资源的线程。

 8.2.2　实现 Runnable 接口创建多线程

创建线程的另一个途径就是用 Thread 类直接创建线程对象。通常,使用 Thread 创建线程的构造方法是:Thread(Runnable target)。该构造方法中的参数是一个 Runnable 类型的接口,因此,在创建线程对象时必须向构造方法的参数传递一个实现 Runnable 接口类的实例,该实例对象称作所创建线程的目标对象,当线程调用 start()方法后,一旦轮到它来享用 CPU 资源,目标对象就会自动调用接口中的 run()方法(接口回调),线程绑定于 Runnable 接口,也就是说,当线程被调度并转入运行状态时,所执行的就是 run()方法中所规定的操作。

> 例 8-2　实现 Runnable 接口创建多线程。

```
public class MultiThread implements Runnable
{
    private int ticket＝50;   //每个线程都拥有 50 张票
    private String name;
    MultiThread(String name)    {
        this.name＝name;
    }
    public void run(){
        while(ticket＞0){
            System.out.println(ticket－－ ＋" is saled by "＋name);
        }
    }
}
public class Ex8_2
{
    public static void main(String[] args)
    {
        MultiThread m1＝new MultiThread("儿童窗口");
        MultiThread m2＝new MultiThread("成人窗口");
        MultiThread m3＝new MultiThread("老年窗口");
        Thread t1＝new Thread(ml);
        Thread t2＝new Thread(m2);
        Thread t3＝new Thread(m3);
        t1.start();
        t2.start();
```

```
                t3.start();
        }
    }
```

由于这 3 个线程也是彼此独立、各自拥有自己的资源,即 50 张电影票,因此程序输出的结果大同小异。可见,只要现实的情况要求保证新建线程彼此相互独立,各自拥有资源,且互不干扰,采用哪个方式来创建多线程都是可以的。这两种方式创建的多线程程序能够实现相同的功能。

8.2.3　两种实现多线程方式的对比

在 Java 中,类仅支持单继承,也就是说,当定义一个新的类的时候,它只能扩展一个外部类。这样,如果创建自定义线程类的时候是通过扩展 Thread 类的方法来实现的,那么这个自定义类就不能再去扩展其他的类,也就无法实现更加复杂的功能。因此,如果自定义类必须扩展其他的类,就可以使用实现 Runnable 接口的方法来定义该类为线程类,这样就可以避免 Java 单继承所带来的局限性。还有一点最重要的,就是使用实现 Runnable 接口的方式创建的线程可以处理同一资源,从而实现资源的共享。

采用继承 Thread 类的方式具有以下优缺点:

(1)优点:编写简单,可以在子类中增加新的成员变量,使线程具有某种属性,也可以在子类中增加方法,使线程具有某种功能。

(2)缺点:因为线程类已经继承了 Thread 类,所以不能再继承其他的父类。

采用实现 Runnable 接口的方式具有以下优缺点:

(1)优点:线程类只是实现了 Runable 接口,还可以继承其他的类。在这种方式下,可以多个线程共享同一个目标对象,所以非常适合多个相同线程来处理同一份资源的情况,从而可以将 CPU 代码和数据分开,形成清晰的模型,较好地体现了面向对象的思想。

(2)缺点:编程稍微复杂。

下面通过一个实例演示多个线程共享同一目标对象的操作。比如模拟一个火车站的售票系统,假如当日从 A 地发往 B 地的火车票只有 50 张,且允许所有窗口卖这 50 张车票,那么每一个窗口也相当于一个线程,这和前面的例子不同之处就在于所有线程处理的资源是同一个资源,即 50 张车票。

> 例 8-3　多线程共享资源。

```
public class MulThread implements Runnable {
private int ticket=50; // 每个线程都拥有 50 张车票
public void run(){
    while(ticket>0){
        System.out.println(ticket－－+" is saled by "+Thread currentThread().getName
());
    }
  }
}
```

```
public class Ex8_3
{
    public static void main(String[] args)
    {
        MulThread m＝new MulThread();
        Thread t1＝new Thread(m,"窗口 1"); //三个线程共享目标对象 m
        Thread t2＝new Thread(m,"窗口 2");
        Thread t3＝new Thread(m,"窗口 3");
        t1.start();
        t2.start();
        t3.start();
    }
}
```

8.3 线程的状态和线程的控制

8.3.1 线程的状态

线程从创建运行到结束总是处于下面五个状态之一:新建状态、就绪状态、运行状态、阻塞状态及终止状态。线程的五种状态如图 8-5 所示。

图 8-5 线程的五种状态

1.新建状态(New Thread)

当 Applet 启动时,调用 Applet 的 start()方法,此时应用程序就创建一个 Thread 对象 clock Thread。

```
public void start()
{
    if (clockThread＝＝null)
    {
        clockThread＝new Thread(cp, "Clock");
        clockThread.start();
    }
}
```

当该语句执行后,clockThread 就处于新建状态。处于该状态的线程仅是空的线程对象,并没有为其分配系统资源。当线程处于该状态,仅能启动线程,调用任何其他方法是无意义的且会引发 IllegalThreadStateException 异常(实际上当调用线程的状态所不允许的任何方法时,运行时系统都会引发 IllegalThreadStateException 异常)。

　　注意 cp 作为线程构造方法的第一个参数,该参数必须是实现了 Runnable 接口的对象并提供线程运行的 run()方法,第二个参数是线程名。

2.就绪状态(Runnable)

　　一个新创建的线程并不自动开始运行,要执行线程,必须调用线程的 start()方法。当线程对象调用 start()方法,即启动了线程,如 clockThread.start();语句就是启动 clock Thread 线程。start()方法创建线程运行的系统资源,并调度线程运行 run()方法。当 start()方法返回后,线程就处于就绪状态。

　　处于就绪状态的线程并不一定立即运行 run()方法,线程还必须同其他线程竞争 CPU 时间,只有获得 CPU 时间才可以运行线程。因为在单 CPU 的计算机系统中,不可能同时运行多个线程,一个时刻仅有一个线程处于运行状态。因此,此时可能有多个线程处于就绪状态。

3.运行状态(Running)

　　当线程获得 CPU 时间后,它才进入运行状态,真正开始执行 run()方法,这里 run()方法中是一个循环,循环条件是 true。

```
public void run()
    {
        while (true)
        {
            repaint();
            try
            {
                Thread.sleep(1000);
            }
            catch (InterruptedException e){}
        }
    }
```

4.阻塞状态(Blocked)

　　线程运行过程中,可能由于各种原因进入阻塞状态。所谓阻塞状态是正在运行的线程没有运行结束,暂时让出 CPU,这时其他处于就绪状态的线程就可以获得 CPU 时间,进入运行状态。

5.终止状态(Dead)

　　线程的正常结束,即 run()方法返回,线程运行就结束了,此时线程就处于终止状态。本例中,线程运行结束的条件是 clockThread 为 null,而在应用程序的 stop()方法中,将 clockThread 赋值为 null。即当用户离开含有该应用程序的页面时,浏览器调用 stop()方法,将 clockThread 赋值为 null,这样在 run()的 while 循环时,条件就为 false,线程运行就结束了。如果再重新访问该页面,应用程序的 start()方法又会被重新调用,重新创建并启动一个新的线程。

```
public void stop()
    {
    clockThread=null;
    }
```

程序不能像终止应用程序那样,通过调用一个方法来结束线程(应用程序通过调用stop()方法,结束应用程序的运行)。线程必须通过 run()方法的自然结束而结束。通常在run()方法中是一个循环,要么是循环结束,要么是循环的条件不满足,这两种情况都可以使线程正常结束,进入死终止态。

例如,下面一段代码是一个循环:

```
public void run()
    {
    int i=0;
    while(i< 100)
    {i++ ;
    System.out.println("i="+i ) ;
    }
}
```

当该段代码循环结束后,线程就自然结束了。注意一个处于终止状态的线程,不能再调用该线程的任何方法。

8.3.2 线程的优先级与调度

Java 的每个线程都有一个优先级,当有多个线程处于就绪状态时,线程调度程序根据线程的优先级调度线程运行。

可以用下面方法设置和返回线程的优先级。

public final void setPriority(int newPriority)设置线程的优先级。

public final int getPriority()返回线程的优先级。

newPriority 为线程的优先级,其取值为 1 到 10 之间的整数,也可以使用 Thread 类定义的常量来设置线程的优先级。当创建 Java 线程时,如果没有指定它的优先级,则它从创建该线程那里继承优先级。

一般来说,只有在当前线程停止或由于某种原因被阻塞,较低优先级的线程才有机会运行。

前面说过多个线程可并发运行,然而实际上并不总是这样。由于很多计算机都是单CPU 的,所以一个时刻只能有一个线程运行,多个线程的并发运行只是幻觉。在单 CPU 机器上多个线程的执行是按照某种顺序执行的,这称为线程的调度(scheduling)。

大多数计算机仅有一个 CPU,所以线程必须与其他线程共享 CPU。多个线程在单CPU 机器上是按照某种顺序执行的。实际的调度策略随系统的不同而不同,通常线程调度可以采用两种策略,调度处于就绪状态的线程。

8.3.3 线程状态的改变

一个线程在其生命周期中,可以从一种状态改变到另一种状态,线程状态的改变如图 8-6 所示。

当一个新建的线程调用它的 start()方法后,即进入就绪状态,处于就绪状态的线程被线程调度程序选中,就可以获得 CPU 时间,进入运行状态,该线程就开始运行 run()方法。

控制线程的结束稍微复杂一点。如果线程的 run()方法是一个确定次数的循环,则循环结束后,线程运行就结束了,线程对象即进入终止状态。如果 run()方法是一个不确定循环,早期的方法是调用线程对象的 stop()方法,然而由于该方法可能导致线程死锁,因此不推荐使用该方法结束线程。一般是通过设置一个标志变量,在程序中改变标志变量的值,实现结束线程。

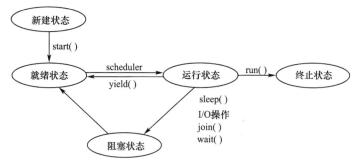

图 8-6　线程状态的改变

处于运行状态的线程,除了可以进入终止状态外,还可以进入就绪状态和阻塞状态。下面分别讨论这两种情况:

1.运行状态到就绪状态

处于运行状态的线程,如果调用了 yield()方法,那么它将放弃 CPU 时间,使当前正在运行的线程进入就绪状态。这时有几种可能的情况:如果没有其他的线程处于就绪状态等待运行,该线程会立即继续运行;如果有等待的线程,此时线程回到就绪状态与其他线程竞争 CPU 时间,当有比该线程优先级高的线程时,高优先级的线程进入运行状态,当没有比该线程优先级高的线程时,但有同优先级的线程,则由线程调度程序来决定哪个线程进入运行状态,因此线程调用 yield()方法,只能将 CPU 时间让给具有同优先级的或高优先级的线程,而不能让给低优先级的线程。

一般来说,在调用线程的 yield()方法,可以使耗时的线程暂停执行一段时间,使其他线程有执行的机会。

2.运行状态到阻塞状态

有多种原因可使当前运行的线程进入阻塞状态,进入阻塞状态的线程当相应的事件结束或条件满足时,进入就绪状态。使线程进入阻塞状态可能有多种原因:

(1)线程调用了 sleep()方法,线程进入睡眠状态,此时该线程停止执行一段时间。当时间到时,该线程回到就绪状态,与其他线程竞争 CPU 时间。

Thread 类中定义了一个 interrupt()方法。一个处于睡眠中的线程若调用了 interrupt()方法,该线程立即结束睡眠进入就绪状态。

(2)如果一个线程的运行需要进行 I/O 操作,比如,从键盘接收数据,这时程序可能需要等待用户的输入,如果该线程一直占用 CPU,其他线程就得不到运行。这种情况称为 I/O 阻塞。这时该线程就会离开运行状态而进入阻塞状态。Java 语言的所有 I/O 方法都具有这种行为。

(3)有时要求当前线程的执行,在另一个线程执行结束后再继续执行,这时可以调用 join()方法实现,join()方法有下面三种格式:

①public void join() throws InterruptedException:使当前线程暂停执行,等待调用该方法的线程结束后,再执行当前线程。

②public void join(long millis) throws InterruptedException:最多等待 millis 毫秒后,当前线程继续执行。

③public void join(long millis, int nanos) throws InterruptedException:可以指定多少毫秒、多少纳秒后,继续执行当前线程。

上述方法使当前线程暂停执行,进入阻塞状态,当调用线程结束或指定的时间过后,当前线程进入就绪状态,例如执行下面代码:

```
t.join();
```

将使当前线程进入阻塞状态,当线程 t 执行结束后,当前线程才能继续执行。

(4)线程调用了 wait()方法,等待某个条件变量,此时该线程进入阻塞状态。直到被通知(调用了 notify()或 notifyAll()方法)结束等待后,线程回到就绪状态。

(5)另外,如果线程不能获得对象锁,也进入就绪状态。

8.4 线程的同步

  8.4.1 同步的概念

一个程序有多个线程在执行,因为线程的速度无法预知,对于共用数据的操作,如插入、删除、修改等动作需要做协调安排,否则,共用数据很可能会对不同的进程有不一致的情况出现。例如:有两个不同的线程对同一个账户进行取钱和存钱的动作,存钱是一个线程动作,取钱是一个线程动作,账户是它们共用的数据,它们处理的流程很可能如表 8-1 所示。

表 8-1　　　　　　　　　　取钱、存钱同步处理过程

时间	取钱的线程处理	存钱的线程处理
T1	开始处理	
T2		开始处理
T3	查询账户的存款余额为 1000 元	
T4		查询账户的存款余额为 1000 元
T5	取出 100 元,把存款余额改为 900 元	
T6	提交事务	

（续表）

时间	取钱的线程处理	存钱的线程处理
T7	结果是 900 元	汇入 100 元，把存款余额改为 1100 元
T8		提交事务
		结果是 1100 元

最终结果是 1100 元，出现这个结果的原因出现在取款线程的 T3～T6，因为取款会对账户的数据进行修改，这个时候，这个过程应该有排他性，不应该执行其他线程，执行其他线程可能会影响当前线程 T3～T6 代码块的执行结果，必须等到代码块执行完后才能去执行其他线程中的有关代码块。这段代码就好比一座独木桥，任何时刻，都只能有一个人在桥上行走，程序中不能有多个线程同时在这两句代码之间执行，这就是线程同步。线程同步修改后如表 8-2 所示。

表 8-2　　　　　　　　　　　　　线程同步示例

时间	取钱的线程处理	存钱的线程处理
T1	开始处理	
T2	锁住（独享资源）	
T3	查询账户的存款余额为 1000 元	
T4	取出 100 元，把存款余额改为 900 元	
T5	提交事务并解锁	开始处理
T6	结果 900 元	查询账户的存款余额为 900 元
T7		汇入 100 元，把存款余额改为 1000 元
T8		提交事务
		结果是 1000 元

8.4.2　同步的实现

线程的同步有两种方式，一种是对代码块的同步，一种是对方法的同步。

（1）同步代码块定义语法

```
...
synchronized(对象)
{
需要同步的代码；
}
...
```

▶ 例 8-4　同步代码块示例。

```
public class SyncDemo8_4
{
    public static void main(String[] args)
    {
        TestThread t＝new TestThread();
        //启动了四个线程,实现了资源共享的目的
        new Thread(t).start();
        new Thread(t).start();
        new Thread(t).start();
        new Thread(t).start();
    }
}
class Test Thread implements Runnable
{
  private int tickets＝20;
  public void run()
  {
    while(true)
    {
      synchronized(this)
      {        if(tickets＞0)
        {
          try{
            Thread.sleep(100);
          }
          catch(Exception e){}
            System.out.println(Thread.currentThread().getName() ＋"出售票"＋
tickets－－);
        }
      }
    }
  }
}
```

运行结果：
Thread－0 出售票 20
Thread－3 出售票 19
Thread－3 出售票 18
Thread－2 出售票 17
Thread－1 出售票 16
Thread－1 出售票 15
Thread－1 出售票 14

Thread-1 出售票 13

Thread-2 出售票 12

Thread-2 出售票 11

Thread-2 出售票 10

Thread-3 出售票 9

Thread-0 出售票 8

Thread-0 出售票 7

Thread-0 出售票 6

Thread-3 出售票 5

Thread-3 出售票 4

Thread-2 出售票 3

Thread-2 出售票 2

Thread-1 出售票 1

(2)同步方法定义语法

除了可以对代码块进行同步外,也可以对函数实现同步,只要在需要同步的函数定义前加上 synchronized 关键字即可。

同步方法定义语法

访问控制符 synchronized 返回值类型方法名称(参数)

▷ 例 8-5   同步方法示例。

```
class Account
{
    private static int cunqian=200;
    String name;
    public Account(String name)
    {
        this.name=name;
    }
    public synchronized static void deposit(float amt)
    {
    cunqian +=amt;
    System.out.println("The money left in bank is"+ cunqian);
    try
    {
        Thread.sleep(100);//模拟其他处理所需要的时间,比如刷新数据库等
    }
    catch (InterruptedException e)
    {
    }
    }
```

```java
    public synchronized static void withdraw(float bmt)
    {
        cunqian -= bmt;
        System.out.println("The money left in bank is" + cunqian);
        try
        {
            Thread.sleep(10);//模拟其他处理所需要的时间,比如刷新数据库等
        }
        catch (InterruptedException e)
        {
        }
    }
    public static float getBalance()
    {
        return cunqian;
    }
}
class Customer extends Thread
{
    public void run()
    {
        for (int i=0; i<=5; i++)//钱增加200,取走50
            Account.deposit(100.0f);
            Account.withdraw(50.0f);
    }
}
public class SyncDemo8_5

{
    public static void main(String[] args)
    {
        Customer A=new Customer();
        Customer B=new Customer();
        A.start();
        B.start();
        Try
        {
            Thread.sleep(3000);
        }
        catch (InterruptedException e)
        {
        // TODO Auto-generated catch block
```

```
            e.printStack Trace();
        }
        System.out.println();
        System.out.println("最后总钱数:"+Account.getBalance());
    }
}
```

运行结果:

The money left in bank is 300

The money left in bank is 400

The money left in bank is 500

The money left in bank is 600

The money left in bank is 700

The money left in bank is 800

The money left in bank is 900

The money left in bank is 1000

The money left in bank is 1100

The money left in bank is 1050

The money left in bank is 1150

The money left in bank is 1250

The money 1eft in bank is 1350

The money left in bank is 1300

最后总钱数:1300

同步的特征:

(1)如果一个同步代码块和非同步代码块同时操作共享资源,仍然会造成对共享资源的竞争。因为当一个线程执行一个对象的同步代码块时,其他的线程仍然可以执行对象的非同步代码块。

(2)每个对象都有唯一的同步锁。

(3)在静态方法前面可使用 synchronized 修饰符。

(4)当一个线程开始执行同步代码块时,并不意味着必须以不间断的方式运行,进入同步代码块的线程可以执行 Thread.sleep()或者执行 Thread.yield()方法,此时它并不释放对象锁,只是把运行的机会让给其他的线程。

(5)synchronized 声明不会被继承,如果一个用 synchronized 修饰的方法被子类覆盖,那么子类中这个方法不再保持同步,除非用 synchronized 修饰。

8.4.3 死锁

同步过程中,如果一个对象占有了一个资源的同时,等待着另一个被其他对象占有的资源,如果这个"其他对象"也正在等待这个对象已经拥有的资源,那么会引起死锁。

导致死锁的根源在于不适当地运用"synchronized"关键词来管理线程对特定对象的访

问。synchronized 关键词的作用是,确保在某个时刻只有一个线程被允许执行特定的代码块,因此,被允许执行的线程首先必须拥有对变量或对象的排他性访问权。当线程访问对象时,线程会给对象加锁,而这个锁导致其他也想访问同一对象的线程被阻塞,直至第一个线程释放它加在对象上的锁。

为了防止同时访问共享资源,线程在使用资源的前后可以给该资源上锁和解锁。给共享变量上锁就使得 Java 线程能够快速方便地通信和同步。某个线程若给一个对象上了锁,就可以知道没有其他线程能够访问该对象。即使在抢占式模型中,其他线程也不能够访问此对象,直到上锁的线程被唤醒、完成工作并开锁。那些试图访问一个上锁对象的线程通常会进入睡眠状态,直到上锁的线程开锁。一旦锁被打开,这些睡眠进程就会被唤醒并移到准备就绪队列中。

线程死锁的发生有四个必要条件,解决其中一个条件,就会解决死锁问题。

(1)互斥条件:一个资源每次只能被一个进程使用。

(2)请求与保持条件:一个进程因请求资源而阻塞时,对已获得的资源保持不放。

(3)不剥夺条件:进程已获得的资源,在未使用完之前,不能强行剥夺。

(4)循环等待条件:若干进程之间形成一种头尾相接的循环等待资源关系。

思考与练习

❶ Java 语言中提供了一个(　　　)线程,自动回收动态分配的内存。

    A.异步　　　　　　　　B.消费者　　　　　　　　C.守护　　　　　　　　D.垃圾收集

❷ Java 语言避免了大多数的(　　　)错误。

    A.数组下标越界　　　　B.算术溢出　　　　　　　C.内存泄漏　　　　　　D.非法的方法参数

❸ 有三种原因可以导致线程不能运行,它们是(　　　)。

    A.等待　　　　　　　　　　　　　　　　　　　　B.阻塞

    C.休眠　　　　　　　　　　　　　　　　　　　　D.挂起及由于 I/O 操作而阻塞

❹ 当(　　　)方法终止时,能使线程进入死亡状态。

    A.Run

    B.setPrority 更改线程优先级

    C.yield 暂停当前线程的执行,执行其他线程

    D.sleep 线程休眠

❺ 用(　　　)方法可以改变线程的优先级。

    A.run　　　　　　　　　B.setPrority　　　　　　C.yield　　　　　　　　D.sleep

第9章
Java 数据库

本章思政目标

本章思政目标

9.1 关系数据库概述

9.1.1 关系数据结构及形式化定义

关系数据库系统是支持关系模型的数据库系统。按照数据模型的 3 个要素,关系模型由关系数据结构、关系操作和关系完整性约束条件构成。

关系数据模型的数据结构非常简单,只包含单一的数据结构关系。关系模型的数据结构虽然简单却能表达丰富的语义,描述出现实世界的实体以及实体之间的各种联系。也就是说,在关系模型中,现实世界的实体以及实体间的各种联系均用单一的结构类型即关系来表示。

1. 域

> **定义 9-1** 域(Domain)是一组具有相同数据类型的值的集合。例如,整数、实数和字符串集合都是域。域中允许的不同个数称作域的基数。

设有 3 个域 D_1,D_2 和 D_3,它们分别表示用户姓名(NAME)、性别(SEX)和生日(BIRTHDATE)的集合。这些域定义为:

D_1={王丽,李明,刘大海},基数 M_1=3

D_2={男,女},基数 M_2=2

D_3={1993-08-19,1996-06-15,1999-07-26},基数 M_3=3

2. 笛卡尔积

> **定义 9-2** 给定一组域 D_1,D_2,...,D_n,其中某些域可以相同。D_1,D_2,...,D_n 的笛卡尔积为:

$$D_1 \times D_2 \times \cdots \times D_n = \{(d_1,d_2,\cdots,d_n) \mid d_i \in D_i, \quad i=1,2,\cdots,n\}$$

其中,每一个元素$(d_1,d_2,...,d_n)$称为一个 n 元组或简称元组。元组中的每一个值 d_i 称为一个分量。

若 $D_i(i=1,2,\cdots,n)$ 为有限集，其基数为 $m_i(i=1,2,\cdots,n)$，则 $D_1\times D_2\times\cdots\times D_n$ 的基数 M 为：

$$M=\prod_{i=1}^{n}m_i$$

笛卡尔积可表示为一个二维表。表中的每一行对应一个元组，表中每一列的值来自一个域。

对于前面定义的 3 个域 D_1、D_2、和 D_3，可以得到如下的笛卡尔积：

$D_1\times D_2\times D_3=\{$（王丽，男，1993－08－19），（王丽，男，1996－06－15），（王丽，男，1999－07－26），（王丽，女，1993－08－19），（王丽，女，1996－06－15），（王丽，女，1999－07－26），（李明，男，1993－08－19），（李明，男，1996－06－15），（李明，男，1999－07－26），（李明，女，1993－08－19），（李明，女，1996－06－15），（李明，女，1999－07－26），（刘大海，男，1993－08－19），（刘大海，男，1996－06－15），（刘大海，男，1999－07－26），（刘大海，女，1993－08－19），（刘大海，女，1996－06－15），（刘大海，女，1999－07－26）$\}$。

$D_1\times D_2\times D_3$ 的基数 m＝m1×m2×m3＝3×2×3＝18，也就是说 $D_1\times D_2\times D_3$ 中共有 18 个元组。这些元组可列成一张二维表，如表 9-1 所示。

表 9-1　　　　　　　　　　　D_1、D_2 和 D_3 的笛卡尔积

NAME	SEX	BIRTHDATE	NAME	SEX	BIRTHDATE
王丽	男	1993－08－19	李明	女	1993－08－19
王丽	男	1996－06－15	李明	女	1996－06－15
王丽	男	1999－07－26	李明	女	1999－07－26
王丽	女	1993－08－19	刘大海	男	1993－08－19
王丽	女	1996－06－15	刘大海	男	1996－06－15
王丽	女	1999－07－26	刘大海	男	1999－07－26
李明	男	1993－08－19	刘大海	女	1993－08－19
李明	男	1996－06－ 15	刘大海	女	1996－06－15
李明	男	1999－07－26	刘大海	女	1999－07－26

3.关系

▷ **定义 9-3**　$D_1\times D_2\times\cdots\times D_n$ 的子集称为在域 $D_1,D_2,\cdots,D_n$ 上的关系，表示为：

$$R(D_1,D_2,\cdots,D_n)$$

R 表示关系的名字，n 表示关系的目或度。关系是笛卡尔积的有限子集，所以关系也是一张二维表，表的每一行对应一个元组，每一列对应一个域。由于域可以相同，为了加以区分，必须对每一列起一个名字，称为属性，n 目关系有 n 个属性，同一关系中的属性名不能相同。

从表 9-1 可以看出，该笛卡尔积中许多元组没有意义，因为一位用户只有一种性别和一个出生日期，不可能存在某人的性别既是"男"又是"女"。因此表 9-1 中的一个子集才是有意义的，如表 9-2 所示的用户关系。

表 9-2	用户关系	
NAME	SEX	BIRTHDATE
王丽	男	1996－06－15
李明	女	1993－08－19
刘大海	男	1999－07－26

关系可以有 3 种类型:基本关系(通常又称基本表)、查询表和视图表。其中,基本表是实际存在的表,它是实际存储数据的逻辑表示;查询表是查询结果对应的表;视图表是由基本表或其他视图表导出的表,不对应实际存储的数据。

关系数据库系统中,基本表具有以下 6 个性质:

(1)列是同质的,即同一列中的分量是同一类型的数据,它们来自同一个域。

(2)同一关系的属性名不能重复。同一关系中不同属性的数据可出自同一个域,但不同的属性要给予不同的属性名。

(3)列的次序可以任意交换。

(4)关系中的任意两个元组不能完全相同。

(5)行的次序可以任意交换。

(6)关系中的分量具有原子性,即关系中每一个分量都必须是不可分的数据项。

关系模型要求关系必须是规范化的,即要求关系必须满足一定的规范条件。这些规范条件中最基本的一条就是,关系的每一个分量必须是一个不可分的数据项。

4.码

若关系中某一属性组的值能唯一地标识一个元组,而其子集不能,则这个属性组为候选码(Candidate Key)。

若一个关系中有多个候选码,则选定其中的一个为主码(Primary key)。

候选码的诸属性称为主属性(Prime attribute),不包含在任何候选码中的属性称为非主属性(Non-Prime attribute)或非码属性(Non-key attribute)。

若关系中只有一个候选码,且这个候选码中包括全部属性,则称该候选码为全码(All-Key)。

例如,在订单明细(orderBook)(orderID,bookID,quantity)关系中,orderID 是订单 ID,bookID 图书 ID,quantity 是购买数量。属性组(orderID,bookID)能唯一地标识一个元组,但属性 orderID(或 bookID)不能,因此,(orderID,bookID)是 orderBook 的候选码。其中,orderID、bookID 是主属性,quantity 不包含在任何候选码,因此是非主属性。

5.外码

设 FR 是关系 R 的一个或一组属性,但不是关系 R 的候选码,如果 FR 与关系 S 的主码 KS 相对应,则称 FR 是关系 R 的外码(ForeignKey),关系 R 为参照关系,关系 S 为被参照关系(Referenced Relation)或目标关系(Target Relation)。

需要指出的是,外码不一定要与相应的主码同名。但在实际应用中,为便于识别,当外码与相应的主码属于不同关系时,往往给它们取相同的名字。

例如,在网上书城(bookstore)数据库中有图书(book)和图书类别(category)2 个关系:

book（bookID，title，author，press，price，categoryID，stockAmount）；

category（category ID，categoryName，description）。

在 book 关系中，bookID 是候选码，category ID 不是 book 关系的码，但与 category 关系的主码 categoryID 相对应，因此是 book 关系的外码。其中，book 关系是参照关系，category 关系为被参照关系。

9.1.2　关系模式

在数据库中要区分型和值。关系数据库中，关系模式是型，关系是值。关系模式是对关系的描述。

关系是元组的集合，因此关系模式必须指出这个元组集合的结构，即它由哪些属性构成，这些属性来自哪些域，以及属性与域之间的映像关系。

现实世界随着时间在不断地变化，因而在不同的时刻，关系模式的关系也会有所变化。但是，现实世界的许多已有事实限定了关系模式所有可能的关系必须满足一定的完整性约束条件，这些约束或者通过对属性取值范围的限定，如用户的性别只能取值为"男"或"女"，或者通过属性值间的相互关联（主要体现在值的相等与否）反映出来。关系模式应当刻画出这些完整性约束条件。

▶ **定义 9-4**　关系的描述称为关系模式（Relation Schema）。它可以形式化地表示为 $R(U, D, \text{Dom}, F)$。其中，R 为关系名；U 为组成该关系的属性集合；D 为属性组 U 中属性所来自的域；Dom 为属性向域的映像的集合；F 为属性间数据的依赖关系集合。

本章中的关系模式仅涉及关系名、各属性名、域名、属性向域的映像 4 部分内容，即 $R(U, D, \text{Dom})$。一般来说，关系模式也可以简记为 $R(U)$ 或 $R(A_1, A_2, \cdots, A_n)$。其中，R 为关系名，$A_1, A_2, \cdots, A_n$ 为属性名。

关系是关系模式在某一时刻的状态或内容。关系模式是静态的、稳定的，而关系是动态的、随时间不断变化的，因为关系操作在不断地更新着数据库中的数据。在实际工作中，有时人们把关系模式和关系都称为关系。

9.1.3　关系操作

关系模型给出了关系操作的能力的说明，但不对关系数据库管理系统的语言给出具体的语法要求，也就是说，不同的关系数据库管理系统可以定义和开发不同的语言来实现这些操作。

1.基本的关系操作

关系模型中常用的关系操作包括查询（Query）和插入（Insert）、删除（Delete）、修改（Update）操作两大部分。

关系的查询表达能力很强，是关系操作中最主要的部分。查询操作又可分为选择（Select）、投影（Project）、连接（Join）、除（Divide）、并（Union）、差（Except）、交（Intersection）、笛卡尔积（Cartesian Product）等。其中，选择、投影、并、差和笛卡尔积是 5 种基本操作，其他操作可以用基本操作定义和导出。

查询操作的特点是集合操作方式,即操作的对象和结果都是集合。这种操作的方式称为一次一集合的方式。相应地,非关系数据模型的数据操作方式则为一次一记录的方式。

2.关系数据语言的分类

早期的关系操作能力通常用代数方式或逻辑方式来表示,分别称为关系代数(Relational Algebra)和关系演算(Relational Calculus)。关系代数用对关系的运算来表达查询要求,关系演算则用谓词来表达查询要求。关系演算又可按谓词变元的基本对象是元组变量还是域变量分为元组关系演算和域关系演算。关系代数、元组关系演算和域关系演算这三种方法在表达能力上是完全等价的。

关系代数、元组关系演算和域关系演算都是抽象的查询语言。这些抽象的语言与具体RDBMS中实现的实际语言并不完全一样。但它们能用作评估实际系统总查询语言能力的标准或基础。实际的查询语言除了提供关系代数或关系演算的功能外,还提供了许多附加功能,如聚集函数、关系赋值、算术运算等。

另外还有一种介于关系代数和关系演算之间的语言 SQL (Structure Query Language)。SQL 不仅具有丰富的查询功能,而且具有数据定义和数据控制功能,是集查询、数据定义语言、数据操纵语言和数据控制语言于一体的关系数据语言。它充分体现了关系数据语言的特点和优点,是关系数据库的标准语言。

因此,关系数据语言可分为三类,如图 9-1 所示。

$$\text{关系数据语言} \begin{cases} \text{关系代数语言} \\ \text{关系演算语言} \begin{cases} \text{元组关系演算语言} \\ \text{域关系演算语言} \end{cases} \\ \text{具有关系代数和关系演算双重特点的语言} \end{cases}$$

图 9-1 关系数据语言分类

9.2 常用的 JDBC API

9.2.1 JDBC 概述

JDBC(Java Database Connectivity,Java 数据库连接)是一种用于执行 SQL 语句的Java API,为多种关系数据库提供统一的访问方式,由一组用 Java 语言编写的类和接口组成。Java 程序中,对数据库的操作都通过 JDBC 组件完成,JDBC 在 Java 程序和数据库之间充当一个桥梁的作用。使用 JDBC,程序能够自动地将 SQL 语句传送给相应的数据库管理系统,并接收数据库管理系统发回的响应。

1.Connection

Connection 接口表示应用程序与数据库的连接对象,由数据库厂商来实现,获得Connection 对象的方法是通过 DriverManager 类的 getConnection ( ) 方法。通过Connection 对象,可以获得操作数据库的 Statement、PreparedStatement、CallableStatement

等对象。getConnection()方法介绍如表 9-3 所示。

表 9-3   **getConnection( )方法介绍**

返回类型	方法	说明
static Connection	getConnection(String url)	建立到给定数据库 URL 的连接
static Connection	getConnection（String url，Properties info)	建立到给定数据库 URL 的连接,其中 info 是一个持久的属性集对象,包括 user 和 password 属性
static Connection	getConnection(String url,String user, Stringpassword)	建立到给定数据库 URL 的连接。user 是访问数据库的用户名。password 是连接数据库的密码

参数 url 指出要连接的特定数据库。URL 由 3 部分组成,即"＜协议＞:＜子协议＞:
＜子名称＞",各部分间用冒号分隔。如"jdbc:mysql1://127.0.0.1:3306/Xk"。

其中:协议 jdbc 指出数据库的连接方式,目前只支持 JDBC 一种协议;子协议 mysql 指
出连接的数据库种类;子名称"//127.0.0.1:3306/Xk"表示所连接数据库的位置和名称,
3306 为 MySQL 端口号,Xk 为需要连接的数据库名。

使用 DriverManager 应用程序和 MySQL 数据库 Xk 建立连接的代码如下:

```
Connection con;
String url="jdbc:mysql://127.0.0.1:3306/Xk? useSSL=true&characterEncoding=utf-8";
String user="root";
String password="123456";
try {
    con=DriverManager.getConnetion(url,user, password);
}catch(SQLException e){
    e.printStack Trace();
}
```

2.Statement

Statement 对象用于将 SQL 语句发送到数据库中。实际上有 3 种 Statement 对象,都
作为在给定连接上执行 SQL 语句的包容器:Statement、PreparedStatement（从 Statement
继承而来)和 CallableStatement（从 PreparedStatement 继承而来)。这 3 种对象都用于发
送特定类型的 SQL 语句。Statement 对象用于执行不带参数的简单 SQL 语句;
PreparedStatement 对象用于执行带或不带 IN 参数的预编译 SQL 语句;CallableStatement
对象用于执行对数据库存储过程的调用。Statement 接口提供了执行语句和获取结果的基
本方法。

9.2.2   数据库常见操作

1.查询操作

当数据库连接成功后,可以利用 ResultSet 接口获取数据,查询数据库 Xk 中表 Student

的所有记录。

> 例 9-1   查询 Student 表并输出。

```
import java.sql;
public class Ex9_1
{
    public static void main(String[] args)
    {
        try {
            Class.forName("com.mysql.jdbc.Driver");    //1.加载驱动
            Connection con;
            String url="jdbc:mysql://127.0.0.1:3306/Xk";
            String user="root";
            String password="123456";
            con=DriverManager.getConnection(url,user,password); //2.获取连接
            Statement stmt=con.createStatement();    //3.创建语句对象
            ResultSet rs=stmt executeQuery("select * from student'"); //4.查询表 Student
            while(rs.next())
            {                       //5.处理结果集
                System.out.print(rs.getString("Stuno")+" ");
                System.out.print(rs.getString("Stuname")+" ");
                System.out.print(rs.getString("Sex")+" ");
                System.out.println(rs.getString("Birthday")+" ");
            }
            con.close();           //6.关闭连接
        }
        catch (ClassNotFoundException e){
            e.printStack Trace();
        }
        catch (SQLException e){
            e.printStackTrace();
        }
    }
}
```

查询操作的编程操作一般有 6 步：加载驱动程序、创建数据库连接、创建语句对象、创建数据集对象、处理数据集和关闭连接。

2.更新操作

update 表名 set   字段＝更新后新值 where ＜条件语句＞

例如：

```
update student set stuname='张峰' where Stuno=' 0000001 ';
```

3.添加操作

insert into 表名(字段列表) values(对应的具体记录值)

例如：

insert into student(stuno,stuname,sex,birthday)
values("0000006","陈宇","男","1999－7－20");

4.删除操作

delete from 表名 where ＜条件语句＞

例如：

delete from Student where Stuno=' 0000000 ';删除学号为 0000000 的学生记录

下面通过例 9-2 演示如何对数据库完成添加、修改、删除操作。

▷ **例 9-2**   添加、修改、删除数据库。

```
import java.sql；
public class Ex9_2 {
    public static void main(String[] args){
        try {
            Class.forName("com.mysql.jdbc.Driver")//加载驱动
            Connection con；
            String url="jdbc:mysql://127.0.0.1:3306/Xk";
            String user="root";
            String password="123456";
            con=DriverManager.getConnection(url,user, password)//获取连接
            Statement stmt=con.createStatement();
            String sql="insert into student(stuno,stuname,sex,birthday) values"+"(" 0000006","
陈宇","男","1999－7－20");//添加
            stmt.executeUpdate(sql);
            sql="update student set stuname='张峰'where stuno=' 0000001 ';"//修改
            stmt.executeUpdate(sql);
            sql="delete from Student where stuno='00000005' ;"; //删除
            stmt.executeUpdate(sql);
            con.close();            //关闭连接
        }
catch (ClassNotFoundException e){
            e.printStackTrace();
}
            catch (SQLException e){
```

```
                e.printStackTrace();
            }
        }
    }
```

9.3　使用 ORM 技术操作数据库

9.3.1　ORM 技术概述

ORM 技术是随着面向对象的软件开发方法发展而产生的,主要实现关系数据库与业务实体对象之间的映射。这样,软件开发人员在操作具体业务对象时,不再需要关心具体的数据库结构,也不需要使用复杂的 SQL 语句与数据库打交道,只需按面向对象编程的方法操作对象的属性和方法,极大地简化了数据库的相关操作,提高了软件开发效率。

当我们使用一种面向对象程序设计语言进行应用开发时,从项目开始采用的就是面向对象分析、面向对象设计、面向对象编程,但到了持久层访问数据库时,又必须重返关系型数据库的访问方式,这是一种糟糕的感觉。于是需要一种工具,可以把关系型数据库包装成一个面向对象的模型,这个工具就是 ORM 框架。

采用 ORM 框架之后,应用程序不再直接访问底层的数据库,而是以面向对象的方式来操作持久化对象(如创建、修改、删除等),而 ORM 框架则将这些面向对象操作转换成底层的 SQL 操作。

图 9-2 所示的 ORM 工具的唯一作用就是把持久化对象的操作转换成对数据库的操作,程序员可以面向对象的方式操作持久化对象,而 ORM 框架则负责转换成对应的 SQL (结构化查询语言)操作。

图 9-2　ORM 工具

一般的 ORM 框架主要由以下四部分构成:对象-关系映射、实体分析器、SQL 语句生成组件和数据库操作库。

ORM 框架采用元数据来描述对象-关系映射细节,元数据主要有两种形式:一种采用 XML 格式,在专门的 XML 配置文件中存放实体对象和数据库表的映射关系。一种采用声明注解的方式(C♯的 Atrribute.JAVA 的 Annotation),在实体对象的声明中,加入注解描述对象与数据库关系表的映射的关系。通过以上形式提供的持久化类与表的映射关系, ORM 框架在运行时就能参照对象与关系表的映射信息,完成面向对象编程语言和关系型数据库的映射。在面向对象语言的对象持久化中采用 ORM 框架,既可保持面向对象的思维方式,又可充分利用关系型数据库的技术优势。

目前,众多厂商和开源社区都提供了 ORM 框架的实现,常见的有:

（1） JAVA 系列：Apache OJB、Cayenne. Jaxor. Hibernate、iBatis、jRelationalFramework、mirage、SMYLE、TopLink 等。其中 TopLink 是 Oracle 的商业产品,其他均为开源项目。

Hibernate 逐步确立了在 JAVA ORM 架构中的领导地位,甚至取代复杂而又烦琐的 EJB 模型而成为 JAVA ORM 工业标准。而且其中的许多设计均被 J2EE 标准组织吸纳而成为最新 EJB3.0 规范的标准,这也是开源项目影响工业领域标准的有力见证。

（2）.NET 系列：Entity Framework、Nhibernate、Nbear、Castle ActiveRecord、iBATIS.NET、DAAB 等。其中,Entity Framework 是微软官方提供的一个 ORM 解决方案,支持.NET3.5 及以上版本。NHibernate 来源于 JAVA ORM 框架——Hibernate。

9.3.2 Hibernate 简介

Hibernate 是一种轻量级 JAVA EE 应用的持久层解决方案,Hibernate 不仅管理着 JAVA 类到数据库表的映射(包括 JAVA 数据类型到 SQL 数据类型的映射),还提供数据查询和获取数据的方法,简化了开发人员对数据库的操作,使得开发人员可以从烦琐的数据库操作中解脱出来,从而将更多的精力投入到编写业务逻辑中。

Hibernate 允许开发者使用面向对象的方式来操作关系型数据库。它采用低侵入式的设计,不要求持久化类实现任何接口或继承任何类。正因为有了 Hibernate 的支持,使得 JavaEE 应用的 OOA (面向对象分析)、OOD (面向对象设计)和 OOP (面向对象编程)三个过程一脉相承,成为一个整体。

1.Hibernate 的对象关系映射机制

Hiberate 通过建立 JAVA 类和数据库表之间的映射关系,来实现将对象的操作转为对关系数据库表的操作。

如图 9-3 所示,Hibernate 的配置文件主要有两类,一类用于配置 Hibernate 和数据库连接的信息(Hibernate.properties)；一类用于确定持久化类和数据表、数据列之间的相对应关系(XML Mapping)。

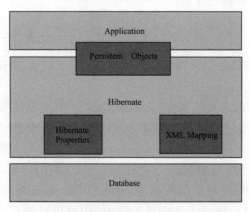

图 9-3 Hibernate 架构图

在 Hiberate 框架中主要的文件有映射类、映射文件以及数据库配置文件。它们各自的作用如下：

（1）映射类（Persistent Objects）：它的作用是描述数据库表的结构,表中的字段在类中被描述成属性,将来就可以实现把表中的记录映射成该类的对象。

（2）映射文件（XML Mapping）：它的作用是指定数据库表和映射类之间的关系,包括映射类和数据库表的对应关系、表字段和类属性类型的对应关系以及表字段和类属性名称的对应关系等。

（3）数据库配置文件（Hibernate Properties）：它的作用是指定与数据库连接时需要的连接信息,比如连接哪种数据库、登录用户名、登录密码以及连接字符串等。

2.Hibernate 的主要组件

如图 9-4 所示,Hibernate 的主要组件有：Session Factory、Session、Persistent Objects、Transient Objects、Transaction、Connection Provider 和 Transaction Factory。

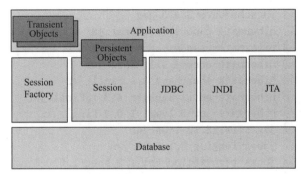

图 9-4　Hibernate 的主要组件

（1）Session Factory：负责初始化 Hibernate 和创建 Session 对象。一般情况下,一个项目通常只有一个 Session Factory,当需要操作多个数据库时,可以为每个数据库指定一个不同的 Session Factory。

（2）Session：负责执行持久化对象的 CRUD 操作。Session 对象具有缓存功能,执行 Flush 之前,所有持久化操作的数据都在 Session 中缓存。

（3）Persistent Objects：系统创建的 POJO 实例,一旦与特定的 Session 关联,并对应数据表的指定记录,该对象就处于持久化状态,这一系列对象都被称为持久化对象。在程序中,对持久化对象执行的任何修改,都将自动被转换为对持久层的修改。

（4）Transient Objects：系统使用 new 关键字创建的 Java 实例,没有与 Session 相关联,此时处于瞬态。瞬态实例可能是在被应用程序实例化后,尚未进行持久化的对象。一个持久化过的实例,会因为 Session 的关闭而转换为脱管状态。

（5）Transaction：对底层具体的 JDBC、JTA 以及 CORBA 事务的抽象。在某些情况下,一个 Transaction 之内可能包含多个 Session 对象。虽然事务操作是可选的,但所有持久化操作都应该在事务管理下进行,即便是只读操作。

（6）Connection Provider：生成 JDBC 连接的工厂类,同时具有连接池的作用。它将应用程序与底层的 DataSource 及 DriverManager 隔离开来。应用程序一般不需要直接访问该对象。

（7）Transaction Factory：生成 Transaction 对象的工厂类,应用程序一般不需要直接访问该对象。

3.Hibernate 简单例子

（1）Hibernate 开发环境的搭建

A.在项目中引入相应的 Java 包，Hibernate 核心包以及 Hibernate 依赖包以及加入数据库驱动。下面的例子采用 SQL Server 数据库，所以这里引入 SQL Server 的 JDBC 驱动。

B.新建 Java 工程，在 src 目录下新建一个 package，取名 firsthibernate。

C.在项目的库目录中引入 Hibernate 和 SQLServer 的 jdbc 包，如图 9-5 所示。

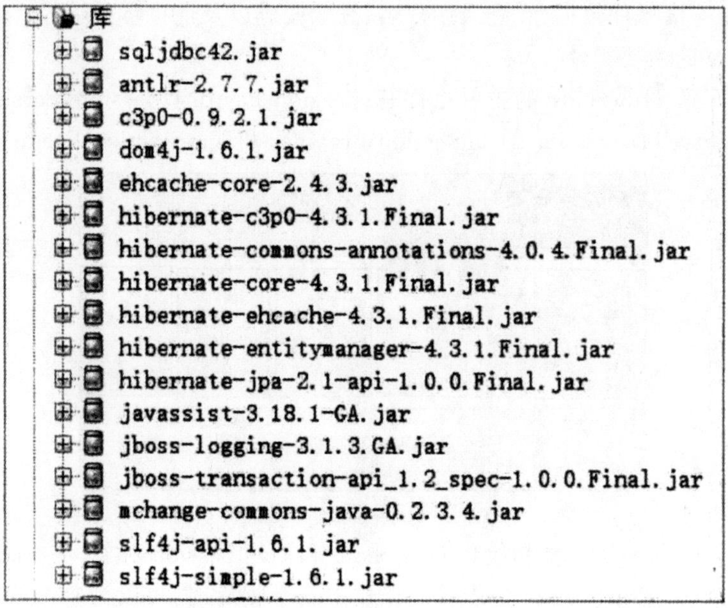

```
库
  sqljdbc42.jar
  antlr-2.7.7.jar
  c3p0-0.9.2.1.jar
  dom4j-1.6.1.jar
  ehcache-core-2.4.3.jar
  hibernate-c3p0-4.3.1.Final.jar
  hibernate-commons-annotations-4.0.4.Final.jar
  hibernate-core-4.3.1.Final.jar
  hibernate-ehcache-4.3.1.Final.jar
  hibernate-entitymanager-4.3.1.Final.jar
  hibernate-jpa-2.1-api-1.0.0.Final.jar
  javassist-3.18.1-GA.jar
  jboss-logging-3.1.3.GA.jar
  jboss-transaction-api_1.2_spec-1.0.0.Final.jar
  mchange-commons-java-0.2.3.4.jar
  slf4j-api-1.6.1.jar
  slf4j-simple-1.6.1.jar
```

图 9-5 Hibernate 相关的 jar 包

（2）创建 Book 类

```
Package firsthibernate;
import java.math.BiqDecimal ;
import org.hibernate.Session;
import org.hibernate.SessionFactory;
import org.hibernate.cfg.Configuration;
/* *
 * Book generated by hbm2java
 */
public class Book implements java.io.Serializable
{
    private int bookId;
    private int categoryID;
    private String title;
    private String author;
    private String press;
    private BigDecimal price;
    private Integer stockNum;
```

```java
    public Book (){
    }
    public Book (int bookId, int categoryID, String title, String author, String press,
BigDecimal price)
    {
        this.bookId＝bookId;
        this.categoryID＝categoryID;
        this.title＝title;
        this.author＝author;
        this.press＝press;
        this.price＝price;
    }
    Public Book (int bookId, int categoryID, String title, String author, String press,
BigDecimal price, Integer stockNum)
    {
        this.bookId＝bookId;
        this.categoryID＝categoryID;
        this.title＝title;
        this author＝author;
        this.press＝press;
        this.price＝price;
        this.stockNum＝stockNum;
    }

    public int getBookId() {
        return this.bookId;
        }
    public void setBookId(int bookId){
        this.bookId＝bookId;
    }
    public int getCategoryID() {
        return this.categoryID;
    }
    public void setCategoryID(int categoryID){
        this.categoryID＝categoryID;
    }
    public String getTitle() {
        return this.title;
    }
    public void setTitle (String title) {
        this.title＝title;
    }
```

```
        public String getAuthor() {
            return this.author;
        }
        public void setAuthor (String author) {
            this.author=author;
        }
        public String getPress() {
            return this.press;
        }
        public void setPress(String press) {
            this.press=press;
        }
        public BigDecimal getPrice () {
            return this.price;
        }


        public void setPrice (BigDecimal price) {
            this.price=price;
        }
        public Integer getStockNum(){
            return this.stockNum;
        }
        public void setStockNum (Integer stockNum) {
            this.stockNum=stockNum;
        }
    }
}
```

9.3.3 创建实体类映射文件

新建一个文件,命名为 Book.hbm.xml,放在 firsthibernate 包下。文件定义了实体类 firsthibernate.Book 和表的映射关系,以及表中字段和类属性的映射关系,内容如下:

```
        <? xml version="1.0" encoding="UTF-8"? >
        <! DOCTYPE hibernate-mapping PUBLIC "-// Hibernate/Hibernate Mapping DTD 3.0//
EN" "http://www.hibernate.org/ dtd/hibernate-mapping-3.0.dtd">
        <! -- Generated 2017-9-5 ) 12:00:23 by Hibernate Tools 4.3.1-->
        <hibernate -mapping>
            <class catalog="bookstore" name=" firsthibernate.Book" optimistic-lock=
"version" schema="bookstore" table="book">
        <id name="bookID" type="int">
            <column name="bookID" / >
                <generator class="assigned" />
```

```xml
      </id>
<property name="categoryID" type="int">
<column name="categoryID" not-null="true"/>
</property>
<property name="title" type="string">
<column length="50" name="title" not-null="true"/>
</property>
<property name="author" type="string">
<column length="50" name="author" not-null="true"/>
</property>
<property name="press " "type="string">
<column length="80" name="press" not-null="true" / >
</property>
<property name="price" type="big_decimal">
<column name="price" not-null="true" precision="17"/>
</property>
<property name="stockNum"    type="java.lang.Integer">
< column name="stockNum" />
</property>
</class>
</hibernate-mapping>
```

参考文献

[1]杨淑娟,张万礼编著.Java 程序设计教程.西安:西安电子科技大学出版社,2019.02.

[2](美)拉贾特·梅塔(Rajat Mehta)著.Java 大数据分析.南京:东南大学出版社,2019.02.

[3]李红日著.JAVA 程序设计研究.北京:北京理工大学出版社,2019.09.

[4](中国)杨欢耸.JAVA 基础与开发.北京:北京邮电大学出版社,2019.08.

[5]罗刚.Java 程序设计基础.西安:西安电子科技大学出版社,2018.09.

[6]谢如欢.基于 Java EE 的人机交互友好人力资源管理系统设计[J].现代电子技术,2021,44(08):114-118.

[7]柳小文,雷军程.分析基于混合式学习的《java 语言程序设计》课程教学[J].数码世界,2021(04):104-105.

[8]毛锦庚,甘卫民,农田航.基于项目驱动应用型本科《Java 程序设计》教学研究与实践[J].电脑知识与技术,2021,17(06):138-139.

[9]蒋东玉.计算机软件开发的 JAVA 编程语言应用研究[J].科技经济导刊,2021,29(05):61-62.

[10]杨彦青,郭献崇.计算机软件 Java 编程特点及其技术分析[J].无线互联科技,2021,18(03):54-55.

[11]刘淑丽.基于 Java 的图书馆人脸识别系统设计与实现[J].科技创新与应用,2021(07):86-88.

[12]王振.基于大数据背景 Java 编程语言创新研究[J].电脑知识与技术,2021,17(03):101-102.

[13]李楚贞,余育文.Java 程序设计课程混合式教学研究[J].福建电脑,2021,37(01):127-129.

[14]万早德.Java 表格组件在数据库的应用[J].电脑编程技巧与维护,2021(01):89-91.

[15]张勇.基于 Java EE 的远程安全评估系统的设计与实现[D].南京邮电大学,2020.

[16]齐敏菊.Java 程序设计"互联网＋"教学模式与方法探索[J].计算机时代,2020(12):66-69.